普通高等教育
艺术类"十二五"规划教材

U0321277

Photoshop
图像处理
与创意设计
案例教程

彭平 胡垂立 ◎ 主编
李散散 魏晓玲 姚勇娜 高婧 副主编

人民邮电出版社
北京

图书在版编目（CIP）数据

Photoshop图像处理与创意设计案例教程 / 彭平，胡
垂立主编. -- 北京 ：人民邮电出版社，2017.8（2021.1重印）
普通高等教育艺术类"十二五"规划教材
ISBN 978-7-115-46443-9

Ⅰ．①P… Ⅱ．①彭… ②胡… Ⅲ．①图象处理软件－
高等学校－教材 Ⅳ．①TP391.413

中国版本图书馆CIP数据核字(2017)第169413号

内 容 提 要

本书以平面设计为主线，全面介绍了 Photoshop CC 软件的基本使用方法和平面设计技巧。全书
共 7 章，每章的案例都有知识点的层层铺垫，在编排上循序渐进、联系紧密、环环相扣，其中既有
打基础、筑根基的部分，又不乏综合创新的案例。本书的特点是将软件的零碎知识点融入到案例中，
以字体设计、网页设计、包装设计、广告设计等各类平面设计专题为载体进行解析。

本书结构清晰，内容通俗易懂，实战针对性强，案例与知识点结合紧密，让读者能够在专业应
用案例中掌握图像处理技巧，开阔设计思路，提高艺术创意设计能力，具有较强的实用性和参考价
值。

本书适合作为高等院校数字媒体、动漫、游戏、艺术设计、工业设计、计算机等专业相关课程
教材使用，也可供相关人员自学参考。

◆ 主　编　彭 平　胡垂立

副主编　李散散　魏晓玲　姚勇娜　高　婧

责任编辑　张　斌

责任印制　陈　犇

◆ 人民邮电出版社出版发行　　北京市丰台区成寿寺路 11 号

邮编　100164　　电子邮件　315@ptpress.com.cn

网址　http://www.ptpress.com.cn

北京虎彩文化传播有限公司印刷

◆ 开本：787×1092　1/16

印张：12　　　　　　　　　　　2017 年 8 月第 1 版

字数：297 千字　　　　　　　　2021 年 1 月北京第 7 次印刷

定价：59.80 元

读者服务热线：(010)81055256　　印装质量热线：(010)81055316
反盗版热线：(010)81055315
广告经营许可证：京东市监广登字 20170147 号

前言

  Photoshop 软件是一款功能强大的图像处理软件，它被广泛应用在广告设计、商业摄影、网页设计、界面设计、影视后期等领域。

  目前，很多高校都将 Photoshop 图像处理作为一门重要的专业课程。为了使学生能够熟练地使用 Photoshop 进行图像处理和创作，我们从事相关教学的教师和企业同行，结合多年的高校教学经验、6 年多的在线教育经验以及丰富的平面设计项目经验，按照简明、易读和突出实用性、突出应用型本科特色的原则，共同编写了本书。本书根据设计师使用 Photoshop 软件创作的手法，将平面设计作品分成图像处理、图像合成和图像创作 3 类，并以此作为本书的主线，然后把 3 类手法各自经常被使用到的领域总结在一起并配以实际案例。

  全书分为 7 章，分别详细介绍了图像处理基础知识、软件基础操作、数码照片后期处理、字体设计、网页设计、包装设计和广告设计。本书为校企合作完成的"工学结合"类教材，部分案例来源于企业真实项目。在内容安排上，既确保学生掌握基本的理论基础，满足本科教学的基本要求，同时又突出特色，采用"行动导向，任务驱动"的方法，以任务引领知识的学习，以增加学习的趣味性和可操作性，实现"寓教于乐"。坚持"理论够用、突出实用、即学即用"的原则，以"工学结合"为目标，注重软件的实际应用，实现"学中做，做中学"。本书内容翔实、条理清晰、语言流畅、图文并茂、案例操作步骤细致、注重实用，使学习者易于吸收和掌握。

  本书最大的亮点是将教材中的重要知识点、技能点以及案例录制成微课视频，拓展知识点做成电子资料，学生在使用时可直接扫描二维码进行移动学习，方便了教师灵活运用翻转课堂教学模式，可先学后教，提高课堂教学的效率。

  本书重在系统讲解由"软件技术、专业知识与工作流程、创意设计"为一体的知识体系，解决现实教育与实际项目脱节问题。本书适合作为应用型本科院校数字媒体技术专业和相关专业的教材，也可作为广大从事计算机平面广告设计和艺术创作工作者的培训教材。

  本书由彭平和胡垂立担任主编，李散散、魏晓玲、姚勇娜、高婧担任副主编，孙淳、程帆、付煜等也参与了编写和案例调试工作。本书编者主要是来自广州工商学院计算机科学与工程系和广州大学华软学院数码媒体系一线教学岗位的专职教师，还有来自广州企影广告有限公司的平面设计师、广州都市圈网络科技有限公司的图像处理制作员等。在此感谢所有编写人员对本书创作所付出的努力。

  尽管我们尽了最大努力，但书中仍难免存在疏漏和不足之处，欢迎各界专家和读者提出宝贵的意见，我们将不胜感激。愿广大同行为建设高质量的计算机图像处理课程共同努力！

编者

2017 年 5 月

目 录

第1章

图像处理基础知识

↗ **本章概述**

Photoshop是一款功能强大的图像处理软件,因此了解图像处理的基础知识是学习Photoshop的基础。本章主要介绍图像处理的基础知识,为后面的学习奠定基础。本章涉及的知识点包括位图与矢量图、图像分辨率、图像色彩模式、图像格式等,其中图像分辨率和图像色彩模式为本章节的重难点,希望学习者在了解图像分辨率和图像色彩模式的概念的基础之上,掌握更改图像分辨率和图像色彩模式的方法。

↗ **本章学习要点**

◇ 了解位图与矢量图的差别
◇ 熟悉分辨率与图像模式的概念
◇ 掌握图像分辨率与图像色彩模式的更改方法
◇ 了解常见的图像格式

1.1 位图与矢量图

1.1.1 位图与矢量图概述

位图（Bitmap）通常也称点阵图，由一个个像素组成，所有像素的矩阵排列组成了整幅图像。位图能够表现颜色丰富的图像，逼真地再现自然界景观，且能够方便地在不同的软件之间调用。位图放大后将会出现失真现象，如图 1.1 所示。Photoshop 软件处理的图像多为位图。

矢量图（Vector）通常也称为向量图，由矢量定义的基本图形组成，通常将图形称为对象，每个对象均包括颜色、形状、大小、位置等信息。矢量图中编辑单个对象时，不会影响其他对象，可以任意变大和缩小而不失真，如图 1.2 所示。

图 1.1　位图

图 1.2　矢量图

1.1.2 位图与矢量图的区别

通过表 1.1，我们可以清晰了解到位图与矢量图的区别。

表1.1　位图与矢量图的区别

类别	位图	矢量图
组成	像素	图形（对象）
放大是否失真	失真	不失真
存储空间	相对较大	相对较小
文件大小影响因素	像素数量，即色彩丰富程度	图形的复杂程度
特点	色彩丰富，可逼真再现多彩世界	色彩不丰富，常用于制作文字、图标、Logo 等
编辑软件	Photoshop 等	Illustrator、AutoCAD 等

1.2 图像分辨率

图像分辨率指单位长度所包含的像素个数，单位是"像素 / 英寸"（ppi）。图像分辨率能够反映图像的细节表现情况，直接影响图像质量。图像分辨率越高，图像越清晰，图像所占用的存储空间也越大。在实际生活中，要根据用途选择合适的图像分辨率。不同分辨率的图像效果如图 1.3 和图 1.4 所示。

在 Photoshop 中执行"图像"/"图像大小"命令或者利用 Ctrl+Alt+I 组合键，即打开"图像大小"对话框，如图 1.5 所示，在该对话框中可看到"图像大小""图像尺寸""分辨率"等相关信息。利用该对话框可以更改图像分辨率。

图 1.3　分辨率 300ppi 的图像

图 1.4　分辨率 30ppi 的图像

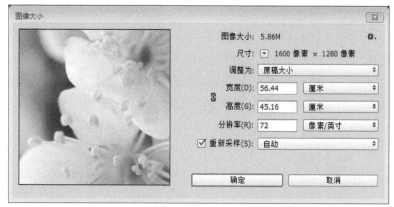

图 1.5　"图像大小"对话框

1.3　图像色彩模式

1.3.1　色彩属性

明度：也称亮度，指色彩的明暗程度，明度最低的是纯黑，明度最高的是纯白。

色相：指颜色的相貌，简单说就是色彩颜色，例如红、黄、绿、蓝、紫等，都是色相。色相是区分色彩的主要依据，是色彩的重要特征。

饱和度：也称纯度，指色彩的纯度或鲜艳程度。对于同一色调的彩色光，其饱和度越高，颜色就越深，纯度越高；饱和度越小，颜色就越浅，纯度越低。

对比度：指不同颜色之间的差异程度，对比度越大，颜色之间的反差就越大，反之亦然。例如当增加图像的对比度之后，图像便会变的黑白分明。

修改色彩属性将会获得不同的图像效果，具体如图 1.6～ 图 1.10 所示。

图 1.6　原图像

图 1.7　改变明度

图 1.8　改变色相

图 1.9　改变饱和度

图 1.10　改变对比度

1.3.2 图像的色彩模式

色彩模式也称颜色模式，是用来描述和表示颜色的各种算法或模型。常用的色彩模式有 RGB 模式、CMYK 模式、Lab 模式、灰度模式、位图模式、双色调模式、索引模式、多通道模式等。

1. RGB色彩模式

RGB 色彩模式中 R 代表红色，G 代表绿色，B 代表蓝色，这三种颜色被称为三基色，通过三基色不同程度的叠加混合得到 RGB 色彩模式中的所有颜色。由于三基色的叠加混合可提高色彩的亮度，因此该模式又被称为 "加色模式"。该模式普遍应用于显示器，最大的特点是能够很好地模拟自然界色彩，是目前使用最广泛的颜色系统之一。RGB 色彩模式中三基色的叠加效果如图 1.11 所示，其中 C 为青色，M 为洋红色，Y 为黄色，W 为白色。

该模式有 3 个通道，如图 1.12 所示，分别存放三基色。每种基色均有 256 种强度，取值范围为 0~255 的整数。三基色的取值越大，产生的颜色越明亮，例如取值为（255,255,255）时为白色，取值为（0,0,0）时为黑色，如图 1.13 和图 1.14 所示。

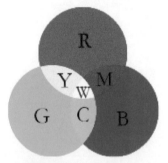

图 1.11　RGB 色彩模式

图 1.12　RGB 通道

图 1.13　白色

图 1.14　黑色

2. CMYK色彩模式

CMYK 色彩模式中 C 代表青色，M 代表洋红色，Y 代表黄色，K 代表黑色。CMYK 色彩模式认为，理论上，C、M、Y 三者混合可以吸收所有颜色的光使之变成黑色，因此该模式又被称为 "减色模式"，通常所说的四色印刷就是依据 CMYK 色彩模式的原理。该模式主要应用于印刷领域，印刷时则代表了四种颜色的油墨。CMYK 色彩模式效果如图 1.15 所示，其中 R 为红色，G 为绿色，B 为蓝色。

该模式有 4 个通道，如图 1.16 所示，分别存放青色、洋红色、黄色、黑色，每种颜色的取值范围为 0~100%，如图 1.17 所示。

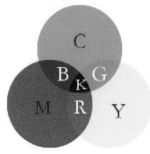

图1.15　CMYK色彩模式

图1.16　CMYK通道

图1.17　利用CMYK色彩模式编辑颜色

── 知识点提示 ──

CMYK是一种印刷模式，在编辑图像时使用这种模式将会使图像文件占据较大的空间，且很多滤镜效果不能使用。因此，一般情况，在编辑图像时使用RGB色彩模式，当编辑完成，需要印刷输出时才将其转换为CMYK色彩模式。

3. Lab色彩模式

Lab 色彩模式中，L 代表明度分量，a 代表从绿色到红色的色度分量，b 表示从蓝色到黄色的色度分量，其中 L 分量的取值是 0~100 之间的整数，a 和 b 的取值都是 −128~+127 之间的整数，如图 1.18 所示。该模式是 Photoshop 中进行颜色转换时用到的一种模式，具有较宽的色域。例如，当 RGB 色彩模式转换为 CMYK 色彩模式时，通常在计算机内部将其先转换为 Lab 色彩模式，然后再转换为 CMYK 模式。Lab 色彩模式的最大优点是该模式中的颜色与设备无关，不管使用哪种设备，产生的颜色都能保持一致。该模式有 3 个通道，分别存放亮度分量和两个色度分量，如图 1.19 所示。

图 1.18　利用 Lab 色彩模式编辑颜色

图 1.19　Lab 色彩模式通道

4. 灰度色彩模式

该模式能够表示白色、黑色以及介于二者之间的灰色，该模式只有一个灰色通道，当把一幅彩色图像的颜色模式改为灰度色彩模式时，图像的色彩信息将会丢失，变成黑白图像。该模式多作为彩色模式和位图模式之间转换的中介。

5. 位图色彩模式

该模式中的颜色只有黑色和白色两种，适合制作艺术样式或者单色图形的创作。由于位图只包含黑色和白色两种颜色，将彩色图像转换为位图模式时，要先将其转换为灰度模式去掉彩色信息之后，再转换为位图模式。转换为位图模式时有 5 种方法，如图 1.20 所示，各种方法的不同效果如图 1.21~ 图 1.25 所示。

6. 双色调色彩模式

该模式通常用于打印输出，通过 1~4 种自定义油墨的设定，从而创建单色调、双色调、三色调以及四色调的图像。只有灰度模式的图像才可以转换为双色调模式的图像。

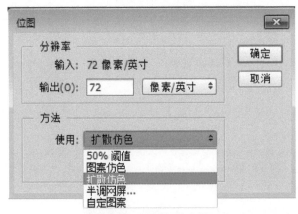

图 1.20 "位图"对话框

图 1.21 50% 阈值

图 1.22 图案仿色

图 1.23 扩散仿色

图 1.24 半调网屏

图 1.25 自定图案

7. 索引色彩模式

利用该模式可以用 256 种或者更少的颜色替代彩色图像中上百万种颜色。当图像转换为索引彩色模式时，Photoshop 会建构一个颜色表用以存放索引色彩模式中的颜色，当原图中的某种颜色不在这个颜色表中时，Photoshop 将会选取一种最接近的颜色。

8. 多通道色彩模式

多通道模式常用于特定的打印或输出，对有特殊要求的图像非常有用。该模式最大的特点是，如果图像中只用了一两种或者较少的颜色，使用多通道模式可以大大减少印刷成本，并能够保证图像颜色的正确输出。

1.3.3 图像色彩模式的转换

在 Photoshop 中执行"图像"/"模式"命令后，利用子菜单可以更改图像色彩模式，如图 1.26 所示。

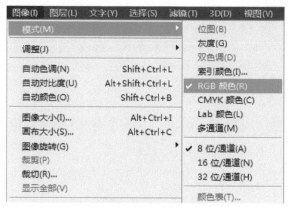

图1.26　更改色彩模式

由于不同色彩模式所包含的色彩范围不同等原因，在进行转换时难免会产生色彩数据的丢失，因此在进行色彩模式转换时需要考虑多个因素，包括用途、颜色范围、文件大小等。与此同时，并不是所有的色彩模式之间均可以进行模式转换，有些色彩模式之间不能够直接进行转换，需要有中介色彩模式。不同色彩模式的图像效果，如图 1.27～图 1.34 所示。

图 1.27　RGB 色彩模式

图 1.28　CMYK 色彩模式

图 1.29　Lab 色彩模式

图 1.30　灰度色彩模式

图 1.31　位图色彩模式

图 1.32　双色调色彩模式

图 1.33　索引色彩模式

图 1.34　多通道色彩模式

1.4 常用的图像格式

1. PSD格式

PSD 格式是 Photoshop 的专用格式，能够将图像中所有图层、通道、蒙版等信息记录下来，保存图像数据的每个细节，可以随时进行修改和编辑。存储为该格式的图像没有被压缩，图像信息完全没有损失，缺点是该格式的图像占用较大存储空间。

2. BMP格式

BMP 是 "Bitmap（位图）" 的缩写，是 Windows 平台上的标准图像文件格式，该格式图像质量较高，支持 RGB、索引颜色、灰度以及位图色彩模式。

3. JPEG格式

JPEG 是 "Joint Photographic Experts Group（联合图像专家组）" 的缩写，目前是网页中普遍使用的一种图像格式。该图像格式是一种有损压缩，但同时能够保证图像的输出质量，因而受到广大用户青睐。

4. PNG格式

PNG 是 "Portable Network Graphics（便携网络图形格式）" 的缩写，是为了适应网络传输而设计的一种图像文件格式。该图像格式采用无损压缩，可以保证图像不失真，支持透明图像的制作。

5. TIFF格式

TIFF 是 "Tag Image File Format（标签图像文件格式）" 的缩写，是一种灵活的图像格式，通常情况下被多数绘图、图像编辑和页面排版等程序支持，而且几乎所有的扫描仪都可以生成 TIFF 图像。

6. GIF图像格式

GIF 是 "Graphics Interchange Format（图像交换格式）" 的缩写，由 CompuServe 公司推出。该图像文件允许一个文件存储多个图像，从而实现动画功能，因此被广泛用于动画制作和网页制作等。

1.5 艺术图像制作

打开 "第 1 章 / 案例素材 /01.jpg"（见图 1.35），利用色彩模式转换相关知识，制作图 1.36 所示的艺术图像。

图 1.35　原图　　　　　　　　　　　　　　　图 1.36　效果图

操作步骤

（1）按 Ctrl+O 组合键，打开素材文件。执行"图像"/"模式"/"灰度"命令，在弹出的"信息"对话框中选择"扔掉"，获得灰度模式图像，如图 1.37 所示。

（2）执行"图像"/"模式"/"位图"命令，在弹出的"位图"对话框中，选择方法为使用"半调网屏"，单击"确定"按钮，如图 1.38 所示。

艺术图像制作

图 1.37　灰度图像

图 1.38　"位图"对话框

（3）在"半调网屏"对话框中设置频率为"500"，角度为"45"，形状为"方形"，如图 1.39 所示。单击"确定"按钮，此时获得位图图像如图 1.40 所示。

（4）按 Ctrl+A 组合键全选当前内容，按 Ctrl+C 组合键复制图像，单击"历史记录"面板中的"打开"选项，回到打开素材的步骤。

（5）按 Ctrl+V 组合键粘贴图像，此时，将会自动产生"图层 1"放置复制的图像。

（6）设置"图层 1"的"图层混合模式"为"叠加"，如图 1.41 所示，即可获得效果。

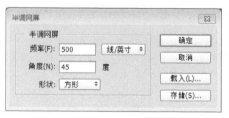

图1.39　"半调网屏"对话框

图1.40　位图图像

图1.41　"历史记录"面板

1.6　本章小结

本章对图像处理的基础知识进行了阐述。介绍了位图与矢量图的区别，以及图像分辨率的相关知识，并在了解颜色相关概念的基础上，介绍了 RGB、CMYK、Lab、灰度、双色调、索引、多通道等色彩模式，最后介绍了 PSD、JPEG、BMP、PNG 等几种常见的图像格式。分辨率以及图像的色彩模式为本章节的重点。在实际操作过程中，要根据需要设置合适的图像分辨率，修改图像分辨率的方法是执行"图像"/"图像大小"命令或者利用 Ctrl+Alt+I 组合键在弹出的"图像大小"对话框中进行修改。色彩模式的选择对图像而言也是非常重要的，例如利用 Photoshop 编辑时，图像多为 RGB 色彩模式，在印刷输出时则常需要将其转换为 CMYK 色彩模式，除此之外，利用图像色彩模式的相关知识可以实现艺术效果图像的制作，正如前面实例所展示的那样。希望通过本章节的学习，使学习者能够掌握图像处理的相关基础知识。

1.7 习题

1. 修改图像分辨率以及图像格式

打开"第 1 章 / 习题素材 /01.jpg"，将其分辨率设置为 200ppi，修改完成之后，将其保存为PNG 格式。

2. 利用位图色彩模式制作艺术图像

打开"第 1 章 / 习题素材 /02.jpg"，如图 1.42 所示，参照"1.5 艺术图像制作"的方法，利用图像色彩模式的相关知识，完成图 1.43 所示的效果。（提示：图像色彩模式设置为位图，方法为"自定图案"，图案为▦，图层混合模式为"柔光"。）

图1.42　素材02　　　　　　　　　　　　图1.43　效果图

3. 利用双色调色彩模式制作艺术图像

打开"第 1 章 / 习题素材 /03.jpg"，如图 1.44 所示，利用图像色彩模式的相关知识，将图像的色彩模式转换为双色调色彩模式（红色、蓝色），完成图 1.45 所示的效果图的制作。

图1.44　素材03　　　　　　　　　　　　图1.45　效果图

第2章

软件基础操作

↗ 本章概述

Photoshop简称"PS"，是美国Adobe公司推出的一款图像处理软件，主要功能包括图像编辑、图像合成、图像颜色校正、特效制作等。Photoshop被广泛应用于平面设计、网页设计、数码照片后期处理、动画、CG设计等领域，具有非常广泛的用户群，本书使用Photoshop CC 2015版本。本章节学习内容包括工作界面介绍、图像的基本操作、图层、选区工具与通道、形状与路径、蒙版等。其中图层应用、选区工具、形状工具为学习重点，路径、通道与蒙版为学习难点。

↗ 本章学习要点

- ❖ 熟悉Photoshop CC 2015的工作界面
- ❖ 掌握图像的基本操作
- ❖ 掌握图层的应用
- ❖ 掌握选区工具与通道的应用
- ❖ 掌握形状工具与路径的应用
- ❖ 掌握蒙版的应用

2.1 Photoshop CC 2015工作界面

Photoshop CC 2015 界面由菜单栏、工具箱、选项栏、图像编辑区、状态栏、控制面板组成，如图 2.1 所示。

图2.1 工作界面

2.1.1 菜单栏

菜单栏位于界面的最上方，根据功能不同，分为"文件""编辑""图像""图层""文字""选择""滤镜""3D""视图""窗口""帮助"共 11 个命令菜单，包含了 Photoshop CC 2015 中所有的操作命令，单击某一个菜单名称，如图 2.2 所示，将会出现下拉式菜单。

| 文件(F) | 编辑(E) | 图像(I) | 图层(L) | 文字(Y) | 选择(S) | 滤镜(T) | 3D(D) | 视图(V) | 窗口(W) | 帮助(H) |

图2.2 菜单栏

2.1.2 工具箱

工具箱默认位于界面的左侧，呈单列显示，鼠标拖动顶部可将工具箱放至工作界面的任何地方，单击工具箱顶端左侧的折叠按钮，工具箱可在单列状态和双列状态之间进行切换，如图 2.3 所示。工具箱提供多种工具，并用灰色水平分割线分成了不同的组，每组工具的功能具有相似性，如图 2.4 所示。学习者用鼠标单击工具箱中的工具，即可使用该工具，有些工具按钮右下角有三角符号，说明存在与其功能类似的隐藏工具，只需按住鼠标左键不放或右击即可打开隐藏的工具。

图2.3 工具箱显示

图2.4 工具箱

2.1.3 选项栏

选项栏位于菜单栏的下方，用于设置工具的属性参数，会随着选取工具的不同而发生改变，图 2.5 和图 2.6 所示分别是移动工具与矩形选框工具的选项栏。

图2.5　移动工具选项栏

图2.6　矩形选框工具选项栏

2.1.4 图像编辑区

图像编辑区呈现打开的图像文件，上方的标题栏显示当前打开图像的相关信息，包括名称、格式、缩放百分比、所在图层、色彩模式、颜色深度等基本信息，如图 2.7 所示。当同时打开多个图像文档窗口时，各个图像窗口将会以选项卡的形式呈现，当前操作的图像窗口标题栏呈现选中状态，为活动图像窗口，其他窗口称为非活动图像窗口。学习者可以通过鼠标单击切换图像文档窗口，利用 Ctrl+Tab 组合键可按顺序切换图像窗口，或利用 Ctrl+Shift+Tab 组合键按相反顺序切换图像窗口。

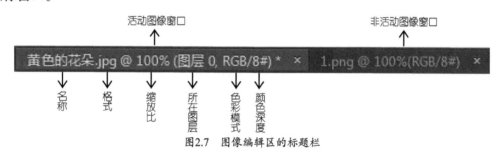

图2.7　图像编辑区的标题栏

2.1.5 状态栏

状态栏位于图像编辑区的底部，显示当前图像文档的基本信息，包括缩放比、文件大小等基本信息，如图 2.8 所示。在缩放比框中输入缩放百分比，按 Enter 键即可更改当前图像文档的显示比例。单击状态栏中的▶按钮，可从弹出菜单中选择状态栏显示的内容。在状态栏上按住鼠标左键不放，可显示图像的宽度、高度、通道、分辨率等信息，按住 Ctrl 键同时按住鼠标左键不放，可显示图像的拼贴宽度、拼贴高度、图像宽度、图像高度等信息。如图 2.9 所示。

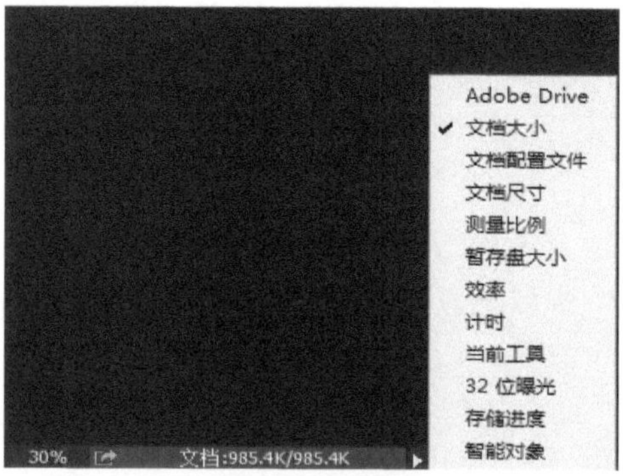

图 2.8　状态栏

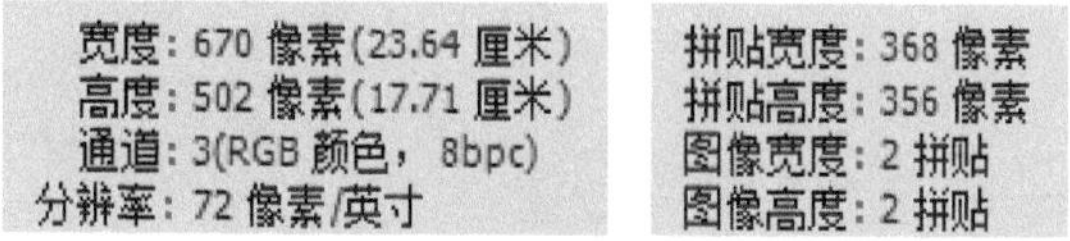

宽度: 670 像素(23.64 厘米)	拼贴宽度: 368 像素
高度: 502 像素(17.71 厘米)	拼贴高度: 356 像素
通道: 3(RGB 颜色，8bpc)	图像宽度: 2 拼贴
分辨率: 72 像素/英寸	图像高度: 2 拼贴

图 2.9　图像信息

2.1.6 控制面板

控制面板是 Photoshop 中的重要部分，该软件提供了 20 多种功能面板供用户使用，默认状态下，启动 Photoshop CC 软件之后，常用的控制面板将会出现在界面的右侧。利用"窗口"菜单勾选需要的面板，可将面板显示在工作界面，已经显示在操作界面中的面板以面板组的形式呈现，利用 按钮和 按钮可以实现面板组的展开与折叠，如图 2.10 和图 2.11 所示。利用面板菜单可以实现面板或面板组的关闭，如图 2.12 所示。

图 2.10 面板的折叠　　　　图 2.11 面板的展开　　　　图 2.12 关闭面板或面板组

2.2 图像的基本操作

2.2.1 图像的新建、打开、保存、关闭

打开"文件"菜单，利用下拉菜单可以轻松实现图像文件的新建、打开、保存以及关闭操作，如图 2.13 所示，这里不再详述。新建文件的组合键为 Ctrl+N，打开文件的组合键为 Ctrl+O，保存文件的组合键为 Ctrl+S，组合键的使用将会提高设计作品的速度。图像的屏幕显示模式、排列方式和缩放等内容可扫描二维码查看。

图像的基本操作

图 2.13 "文件"菜单

2.2.2 图像的恢复操作

编辑图像过程中，由于失误或效果不理想等原因，希望回到上一步，这时需要执行图像的恢

复操作，具体方法如表 2.1 所示。受历史记录面板中保存操作步数的限制以及撤销多步的麻烦，可以将完成的重要步骤创建为快照（具体方法为单击"历史记录"面板底部的"创建新快照" ⬚ 按钮），当错误操作发生时，可以单击某一阶段的快照，回到该状态，以弥补历史记录保存数量的局限。

表2.1　图像的恢复操作

方法	描述
利用"编辑"菜单	执行"编辑"/"后退一步"或"还原"命令将会恢复上一步操作
利用"历史记录"面板	利用"历史记录"面板可以恢复到保存操作步数之内的某步操作
利用组合键	Ctrl+Z 组合键，回到上一步操作

2.2.3　图像的移动与复制

利用工具箱中的"移动"工具可以实现图像的移动，需要注意的是图像所处图层需要先解锁。选择"移动工具"之后，按住 Alt 键不放，可以实现图像的复制，效果如图 2.14~ 图 2.16 所示。

图 2.14　素材　　　　　　　图 2.15　图像移动效果　　　　　　图 2.16　图像复制效果

2.2.4　图像大小与画布大小的修改

根据图像的用途不同，通常需要修改图像的分辨率，例如当我们将图像作为计算机桌面背景时，需要将图像的分辨率设置为与计算机一致。执行"图像"/"图像大小"命令，在弹出的"图像大小"对话框中修改图像的分辨率即可修改图像大小，如图 2.17 所示。修改图像大小通常用于设置桌面壁纸、个人头像、网络传输等。

画布指当前图像周围工作空间的大小，执行"图像"/"画布大小"命令，利用弹出的"画布大小"对话框即可修改画布大小，如图 2.18 所示。如果设置的新画布小于当前画布大小，如图 2.19 和图 2.20 所示，将会弹出对话框提醒用户需要剪切。

图 2.17　"图像大小"对话框　　　　　　图 2.18　"画布大小"对话框

图 2.19　原图像　　　　　图 2.20　更改画布大小后图像（小于原画布情况）

2.2.5　图像的旋转、变换与变形

1. 图像的旋转

执行"图像"/"图像旋转"命令，在弹出的子菜单中有"180 度""顺时针 90 度""逆时针 90 度""任意角度""水平翻转画布"和"垂直翻转画布"共 6 种图像旋转效果。利用工具箱中的"旋转视图工具" ，如图 2.21 所示，在其选项栏中设置旋转角度也可以实现图像的旋转。

图2.21　"旋转视图工具"选项栏

2. 图像的变换

图像变换的命令有"编辑"/"变换"和"编辑"/"自由变换"两个，如图 2.22 所示。在实际操作中，通常利用自由变换的 Ctrl+T 组合键实现简单的变换。如果需要复杂变换，按下 Ctrl+T 组合键之后，在图像上单击鼠标右键，在弹出的快捷菜单中进行具体选择即可，如图 2.23 所示。图像的不同变换效果如图 2.24~图 2.26 所示。图像的变形可扫描二维码查看内容。

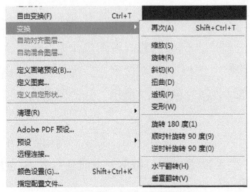

图像的变形

图 2.22　自由变换与变换命令　　　　　图 2.23　快捷菜单

图 2.24　原图　　　　图 2.25　旋转 180 度　　　　图 2.26　自由变换

3. 图像变换练习

打开"第 2 章 / 案例素材 /01.jpg"和"第 2 章 / 案例素材 /02.png",如图 2.27 和图 2.28 所示,利用图像变换的相关知识完成图 2.29 效果。

图 2.27　素材 01

图 2.28　素材 02

图 2.29　效果

操作步骤

（1）按 Ctrl+O 组合键打开"01.jpg"与"02.png",利用移动工具,将 02 中图像拖曳至 01 文档的合适位置,形成"图层 1",如图 2.30 和图 2.31 所示。

图像变换练习

图 2.30　导入素材

图 2.31　图层面板

（2）按 Ctrl+T 组合键,在选项栏中设置水平和垂直缩放比为 90%,并将图像向右上方移动些许位置,完成后按 Enter 键。选项栏设置如图 2.32 所示。

图2.32　设置水平与垂直缩放比

（3）按 Alt+Shift+Ctrl+T 组合键 5 次,每次均会生成新的图像,且位于不同的图层,如图 2.33 和图 2.34 所示。

图 2.33　图像效果

图 2.34　"图层"面板

（4）在"图层"面板中,选中"背景"层之外的所有图层,执行"图层"/"排列"/"反向"命令。然后单击鼠标右键,在弹出的快捷菜单中选择"合并图层",选中的图层合并为"图层 1",如图 2.35

和图 2.36 所示。

（5）按 Ctrl+S 组合键保存文件。

图 2.35　图像效果

图 2.36　图层面板

—— 知识点提示 ——

Ctrl+T：自由变换；Shift+ Ctrl+T：再次变换；Alt+Shift+Ctrl+T：再次变换并复制为单独图层。

2.2.6　图像的填充

1. 油漆桶填充

油漆桶工具是用前景色填充图像，设置颜色的方法包括拾色器、颜色面板、色板面板，如图 2.37~ 图 2.39 所示。默认状态下，前景色为黑色，背景色为白色。工具箱中"默认前景色与背景色"按钮██ 和 "切换前景色和背景色"按钮██ 在颜色编辑时经常用到。Alt+Delete 组合键用前景色填充对象，Ctrl+Delete 组合键用背景色填充对象。

2. "填充"命令

执行"编辑"/"填充"命令，弹出"填充"对话框，如图 2.40 所示，用户可以设置填充内容为前景色、背景色、图案、内容识别等。

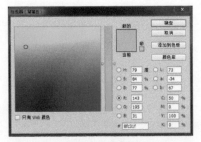

图 2.37　拾色器

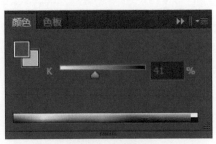

图 2.38　颜色面板

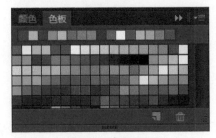

图 2.39　色板面板

图 2.40　"填充"对话框

3. 渐变填充

渐变颜色可以填充图像、选区、蒙版、通道等，在图像设计中应用广泛。单击工具箱中的"渐变工具"按钮▣，单击选项栏中的"渐变预览条"即可弹出"渐变编辑器"，如图 2.41 所示。"渐变编辑器"中上方滑块代表颜色的不透明度，下方滑块代表颜色类型。▣▣▣▣ 依次代表"线性渐变""径向渐变""角度渐变""对称渐变"和"菱形渐变"，效果如图 2.42~ 图 2.46 所示。

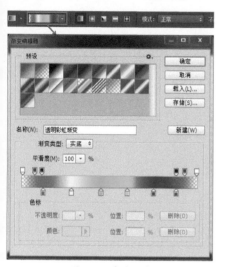

图2.41　渐变编辑器

图2.42　线性渐变　　图2.43　径向渐变　　图2.44　角度渐变

图2.45　对称渐变　　图2.46　菱形渐变

4. 图案填充练习

打开"第 2 章 / 案例素材 /03.jpg"，如图 2.47 所示，利用图像的图案填充等知识完成图 2.48 所示的效果图。

(操作步骤)

（1）按 Ctrl+O 组合键打开素材图像。

图案填充练习

图 2.47　素材 03　　　　图 2.48　效果图

（2）执行"图像"/"图像大小"命令，打开"图像大小"对话框，设置图像的宽度与高度均为 1 厘米，效果如图 2.49 所示，注意不限制宽度与高度的比值。

（3）执行"编辑"/"定义图案"命令，设置名称为"小兔子"，效果如图 2.50 所示。

图 2.49 "图像大小"对话框

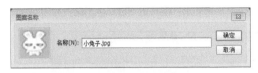

图 2.50 定义图案

（4）利用"历史记录"面板回到打开图像的位置，执行"编辑"/"填充"命令，弹出"填充"对话框，设置填充内容为图案，且不透明度为 50%，如图 2.51 所示。

（5）单击"确定"按钮完成设置，按 Ctrl+S 组合键保存文件。

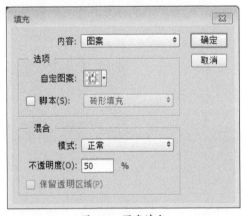

图 2.51 图案填充

5. 渐变填充练习

打开"第 2 章 / 案例素材 /04.jpg""第 2 章 / 案例素材 /05.jpg""第 2 章 / 案例素材 /06.jpg"，如图 2.52~ 图 2.54 所示，利用图像的渐变填充等知识完成图 2.55 所示的效果图。

图2.52 素材04　　　图2.53 素材05

图 2.54 素材 06

图 2.55 效果图

（操作步骤）

（1）按 Ctrl+N 组合键打开"新建文件"对话框，设置如图 2.56 所示，单击"确定"按钮新建文件。

渐变填充练习

（2）单击工具箱中的"渐变工具"，在选项栏中单击"渐变预览条"，弹出"渐变编辑器"对话框，设置如图 2.57 所示，单击"确定"按钮。

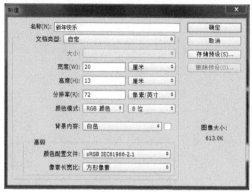

图 2.56　新建文件　　　　　　　　　　　　　图 2.57　编辑渐变色

（3）单击选项栏中的"线性渐变"按钮，在画布中拖动鼠标填充渐变色。

（4）导入鞭炮素材，利用 Ctrl+T 组合键，调整图像至合适的大小和位置。打开图层面板，设置鞭炮所在图层的混合模式为"正片叠底"，如图 2.58 所示。利用相同的方法导入花纹素材，效果如图 2.59 所示。

图 2.58　图层面板　　　　　　　　　　　　　图 2.59　导入背景

（5）导入文字素材，拖曳至合适位置，鼠标右键单击文字图层，在弹出的快捷菜单中选择"栅格化图层"命令。利用魔棒工具选中图像中的文字部分，如图 2.60 所示。

（6）设置渐变类型为"色谱"，选中"径向渐变"按钮，渐变填充文字。按 Ctrl+D 组合键取消选区，如图 2.61 所示。

图 2.60　建立选区　　　　　　　　　　　　　图 2.61　填充选区

（7）选中文字图层，单击图层面板下方的 *fx* 按钮，选择"描边"，如图 2.62 所示，打开"描边"设置对话框，在此对话框中设置位置为"外部"，填充颜色为白色，如图 2.63 所示。单击"确定"按钮完成设置。

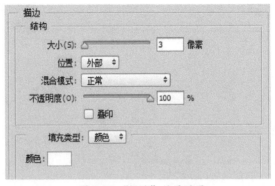

图像裁剪与裁切、辅助编辑工具的使用

图 2.62　选择菜单　　　　　　　图 2.63　"描边"效果设置

图像裁剪与裁切、辅助编辑工具的使用等内容可扫描二维码查看。

2.3　图层

2.3.1　图层知识点

1. 图层种类

多个图层叠加获得最终的图像设计效果。图层分为普通层、背景层、文字图层、形状层、智能对象层、填充层、调整层等，各类图层在面板中的显示如图 2.64 所示。具体内容可扫描二维码查看。

图层种类

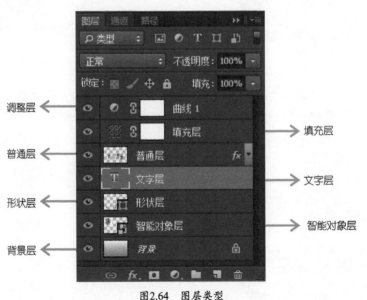

图2.64　图层类型

2. 图层面板

利用"图层面板"可以方便地创建、编辑、管理图层，设置图层样式和图层混合等。执行"窗口"/"图层"命令可打开"图层"面板,图层面板外貌如图 2.65 所示。具体内容可扫描二维码查看。

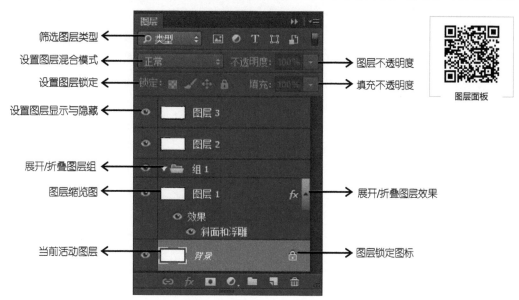

图2.65　图层面板

3. 图层的操作

实现图层基本操作的方法多样,本节列举一些常用方法,其他方法请大家在学习过程中不断积累。

(1)基本操作(见表2.2)

表2.2　图层基本操作

类别	操作方法
新建图层	执行"图层"/"新建"/"图层"命令
	单击"图层"面板中的"创建新图层"按钮
复制图层	拖曳要复制的图层至图层面板的"创建新图层"按钮上
	用鼠标右键单击要复制的图层,在弹出的快捷菜单中选择"复制图层"命令
	按 Ctrl+J 组合键,可复制当前选中图层
移动图层	选中图层,按下鼠标左键不放,拖曳图层至目标位置
删除图层	选中图层后单击鼠标右键,在弹出的快捷菜单中选择"删除图层"
	选中图层,拖曳到图层面板"删除图层"按钮上
	选中图层,单击图层面板中的"删除图层"按钮
重命名图层	双击图层名称,当名称呈现蓝色突显状态时修改名称
链接图层	选中多个图层,单击图层面板底部的"链接图层"按钮,链接图层可将链接的多个图层同时进行移动或变换操作

— 知识点提示 —

(1)执行"图层"/"删除"/"隐藏图层"命令,将会删除当前图像中所有的隐藏图层,多用于图像制作完成之后删除不需要的图层。

(2)利用上表中新建图层的方法可在当前图层的上方创建新图层。按住Ctrl键的同时单击"图层"面板中的"创建新图层"按钮,可在当前图层下方创建新图层。背景图层的下方不能创建新图层。

（2）高级操作

① 图层的反向

利用图层的移动可以轻松实现小数目图层的顺序改变，除此之外，利用"图层"/"排列"命令同样可以更改图层的顺序，如图 2.66 所示。其中比较特殊的排列是图层的"反向"操作，图 2.67 所示为原顺序效果，从图 2.68 可观察图层的"反向"操作效果。

图 2.66 排列命令

图 2.67 原顺序效果

图 2.68 图层反向效果

② 图层的对齐与分布

图层对齐与分布操作的对象是多个图层，执行"图层"/"对齐"命令，将会出现对齐子菜单，相同的，执行"图层"/"分布"命令，弹出分布的子菜单，如图 2.69 和图 2.70 所示。

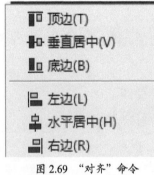

图 2.69 "对齐"命令　　　　图 2.70 "分布"命令

③ 合并图层与盖印图层

图层、图层样式等均会占用计算机内存，合并图层可轻松解决此问题。合并操作有向下合并（Ctrl+E）、合并可见图层（Shift+Ctrl+E）、拼合图像 3 种类型，拼合图像能够合并可见图层，同时删除隐藏图层。盖印图层与合并图层相似，通过盖印图层同样可将多个图层的内容合并，但盖印图层可以保持原来图层的独立性和完整性，会生成一个新的图层。利用 Ctrl+Alt+E 组合键可将选定图层的内容合并到一个新的图层中；利用 Shift+Ctrl+Alt+E 组合键可将图层面板中所有可见图层合并到一个新的图层中。

④ 图层组的应用

图层组的应用使得图层的管理更加快捷。单击图层面板底部的"创建新组"按钮 ▣ 即可创建图层组。将内容相关的图层放置同组中可方便图层的管理。

4. 图层混合模式

图层混合模式指将当前图层中的像素与其下层图层的像素相融合，从而获得特殊的图像效果，且不会破坏原始图像。图层混合模式只能在两个图层之间发挥作用，且如果图层处于锁定状态时无法使用图层混合模式。系统提供了 27 种图层混合模式，如图 2.71 所示。这里举例设置"图层 2"

的混合模式（见图 2.72），表 2.3 中为各种图层混合模式效果。

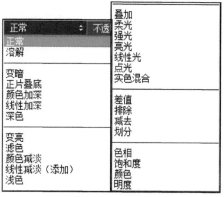

图 2.71　图层混合模式类型　　　　　　图 2.72　图层分布

表2.3　图层混合效果

基本模式组

正常模式

溶解模式

加深模式组

变暗模式

正片叠底模式

颜色加深模式

线性加深模式

深色模式

减淡模式组

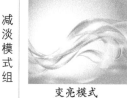
变亮模式

滤色模式

颜色减淡模式

线性减淡模式

浅色模式

对比模式组

叠加模式

柔光模式

强光模式

亮光模式

线性光模式

点光模式

实色混合模式

25

续表

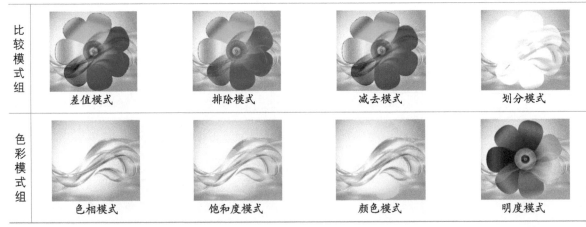

比较模式组				
差值模式	排除模式	减去模式	划分模式
色彩模式组				
色相模式	饱和度模式	颜色模式	明度模式

5. 图层样式

图层样式的应用可以使图像产生不同的艺术效果。添加图层样式的方法有两种，第一种是利用样式面板，如图 2.73 所示，第二种是利用图层面板中的"添加图层样式"按钮 fx.，弹出效果如图 2.74 所示。

图 2.73　样式面板　　　　　图 2.74　"添加图层样式"下拉列表

（1）应用样式面板

本节通过一个简单实例讲解样式面板的应用。选择需要添加样式的图层，如图 2.75 所示，打开样式面板，选取合适的样式后单击，如图 2.76 所示，即可完成。单击样式面板中的■可以切换多种样式效果。

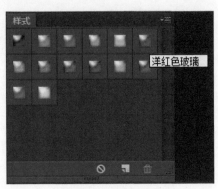

图 2.75　选中图层　　　　　图 2.76　选择样式

（2）应用"添加图层样式"按钮

系统提供 10 种图层样式，选中一种样式之后，将会弹出"图层样式"对话框，如图 2.77 所示，在对话框的右侧可设置该样式参数。直接双击图层，也将会弹出"图层样式"对话框。相关内容可扫描二维码查看。

图层样式

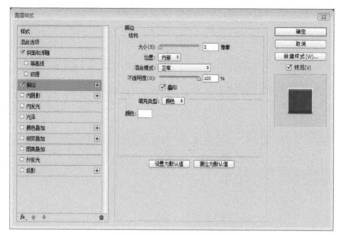

图 2.77　图层样式对话框

（3）图层样式的编辑

图层样式编辑涉及的操作有：样式的复制、样式的清除、样式的创建等，通过表 2.4 可以清楚了解图层样式的编辑操作。

表2.4　图层样式的编辑

类别	操作
图层样式的复制	选中应用图层样式的图层后单击鼠标右键，在弹出的快捷菜单中选择"拷贝图层样式"，然后选择目标图层后单击鼠标右键，选择"粘贴图层样式"
图层样式的清除	用鼠标右键单击应用图层样式的图层，在弹出的快捷菜单中选择"清除图层样式"
图层样式的创建	单击样式面板中的"创建新样式"按钮

2.3.2 图层应用

1. 制作光感文字

打开"第 2 章 / 案例素材 /07.jpg"，如图 2.78 所示，利用图层混合模式、图层样式等知识完成图 2.79 所示的效果图。

图 2.78　素材 07

图 2.79　效果图

操作步骤

（1）按 Ctrl+O 组合键，打开素材图像。

（2）选择工具箱中的文字工具，输入文字"光感"，字体为方正姚体，字号为 150，颜色为黑色。

（3）设置文字图层的混合模式为排除。

（4）为文字图层添加内发光图层样式，其中设置混合模式为"颜色减淡"，不透明度为 60%，颜色为白色，大小为 6 像素，图像效果如图 2.80 所示，图层样式设置如图 2.81 所示。

（5）复制文字图层，文字的光感将会增强，文字图层复制越多，文字的光感将会越强。多次复制图层获得最终效果。

图 2.80　图像效果

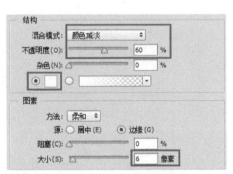

图 2.81　图层样式设置

2. 制作艺术相册效果

打开"第 2 章 / 案例素材 /08.jpg"，如图 2.82 所示，利用图层样式、图层透明度等知识完成图 2.83 所示的效果图。

图 2.82　素材 08

图 2.83　效果图

操作步骤

（1）打开素材图像，按 Alt 键双击背景图层，解锁背景图层，背景图层名称变为"图层 0"。

（2）按 Ctrl+J 组合键复制图层 0，新生成图层名称为"图层 0 拷贝"，如图 2.84 所示。

（3）选中"图层 0"，执行"滤镜" /"模糊" /"高斯模糊"命令，在弹出的对话框中设置半径为 10 像素，单击确定按钮，如图 2.85 所示。设置图层 0 的不透明度为 70%，如图 2.86 所示。

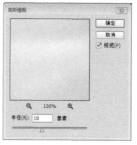

图 2.84　图层面板　　　　图 2.85　"高斯模糊"对话框　　　　图 2.86　图层面板

（4）选中"图层 0 拷贝"，按 Ctrl+T 组合键，对其自由变换，效果如图 2.87 所示。

（5）选择工具箱中的形状按钮，绘制一个填充色为白色的矩形，产生一个名称为"矩形 1"的图层，将其图层位于"图层 0 拷贝"图层之后，如图 2.88 所示。

图 2.87　图像变换效果　　　　　　　图 2.88　图层面板

（6）利用 Ctrl+T 组合键，变换该矩形并拖曳至合适位置。

（7）将"图层 0"处于隐藏状态，选中"图层 0 拷贝"后单击鼠标右键，在弹出的快捷菜单中选择"合并可见图层"。

（8）选中"图层 0 拷贝"，单击图层面板下"添加图层样式"按钮，选择"内阴影"，在弹出的对话框中设置不透明度为80%，距离为50像素，大小为10像素，角度为–139度。

（9）选择工具箱中的"文字工具"，设置字体为黑体，颜色为蓝色（RGB：0,163,226），大小为150点，输入文字"阳光大海沙滩"。

（10）按 Ctrl+T 组合键对文字进行自由变换，并移动文字至合适位置。

（11）为文字图层添加"斜面和浮雕"与"描边"样式，具体参数设置如图 2.89 和图 2.90 所示。即可完成制作。

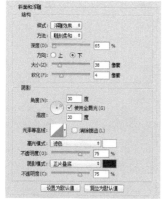

图2.89　斜面和浮雕样式　　　　　　　图2.90　描边样式

3. 保护地球宣传页设置

打开"第 2 章 / 案例素材 /09.jpg""第 2 章 / 案例素材 /10.jpg""第 2 章 / 案例素材 /11.jpg"，如图 2.91~ 图 2.93 所示，利用图层样式的相关知识，制作图 2.94 所示的效果图。

图2.91　素材09

图2.92　素材10

图2.93　素材11

图2.94　效果图

操作步骤

（1）打开 3 幅素材图片，将素材 10 拖曳至 09 文档中，调整大小和位置。利用魔棒工具，选中素材 10 的白色区域，按 Delete 键删除白色背景，按 Ctrl+D 组合键取消选区，如图 2.95 所示。

保护地球
宣传页设置

（2）将素材 11 拖曳至 09 文档中，按 Ctrl+T 组合键变换位置和大小，如图 2.96 所示。

图2.95　删除背景

图2.96　拖入图片

（3）选择工具箱中的椭圆选区工具，建立椭圆选区，如图 2.97 所示。执行"滤镜"/"扭曲"/"球面化"命令，弹出球面化对话框，设置数量为 100%，模式为正常，如图 2.98 所示。

图2.97 建立选区

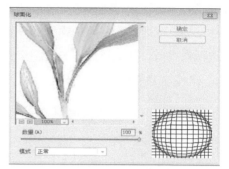

图2.98 设置球面化

（4）按 Ctrl+Shift+I 组合键反选，按 Delete 键删除多余部分，按 Ctrl+D 组合键取消选区。效果如图 2.99 所示。

（5）为素材 11 所在图层添加内阴影、内发光以及投影样式，设置如图 2.100～图 2.102 所示。

（6）选择工具箱中自定义形状中的音符，设置填充色为白色，绘制形状。设置音符形状所在图层的不透明度为 40%。根据偏爱制作一些图层样式，即可获得最终效果。

图 2.99 效果

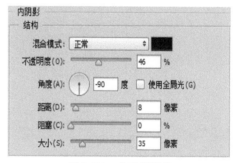

图 2.100 内阴影样式

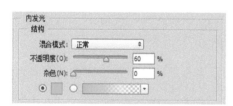

图2.101 内发光样式

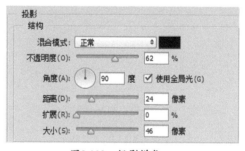

图2.102 投影样式

2.4 选区工具与通道

2.4.1 选区工具知识点

1. 选区工具分类

（1）选框类工具

选框类工具分为矩形选框工具、椭圆选框工具、单行选框工具、单列选框工具，如图 2.103 所示。使用"矩形选框工具"时，按住 Shift 键将会创建正方形选区，同理，使用"椭圆选框工具"

选框工具选项栏

时按住 Shift 键，可以创建正圆形选区。

选择选框类选区之后，利用选项栏的设置可以更好获得所需要的选区。选框类工具的选项栏相似，这里以矩形选框类工具为例。矩形选框工具的选项栏如图2.104 所示。具体内容可扫描二维码查看。

图2.103 选框工具分类

图2.104 矩形选框工具选项栏

（2）套索类工具

套索类工具分为"套索工具""多边形套索工具""磁性套索工具"3 种，它们使用范围略有差异，具体见表 2.5。

表2.5 套索类工具区别

类型	使用方法	适用范围
套索工具	按住鼠标左键在图像上面拖曳，鼠标的移动轨迹即是选区的边界，操作简单，但是选区的形状较难控制	适用于对准确度要求不高的选区创建
多边形套索工具	沿着图像边界单击，新单击的点与前面单击的点之间形成直线，即是选区边界，鼠标回到起点形成选区回路。该方法精确度较高，要实现精确的选区创建则需要多次繁琐的单击操作	适用于选区边界为直线或边界复杂的选区创建
磁性套索工具	沿边界拖动鼠标，该工具会根据颜色差别自动贴合图像边界，在颜色差别不大的地方可以通过鼠标单击的方法勾选边界	适用于要选择图像的边界与背景差别较大的选区创建

—— 知识点提示 ——

在利用套索类选区工具的过程中，如果定位出现偏差，可以按Delete键删除定位点，然后重新定位。

套索工具和多边形套索工具的选项栏与矩形选框工具相似，这里不再详述。下面介绍磁性套索工具的选项栏，如图 2.105 所示。

图2.105 磁性套索工具选项栏

• 宽度：探测图像边界的范围，如果图像边缘清晰，可以使用较大的宽度值，如果图像的边缘不是特别清晰，则需要使用较小的宽度值。

• 对比度：该选项确定了磁性套索工具对图像边缘的灵敏度。较高的对比度将探测到与周围对比强烈的边缘，对比度较低的将会探测到较为柔和的边缘。换言之，图像边缘清晰可将对比度设置高点，反之，对比度设置低点。

• 频率：在使用"磁性套索工具"时，将会在选区的边缘产生许多锚点，频率值越大，产生的锚点越多，捕捉到的边缘就越准确。

（3）快速选择类工具

快速选择工具包括"快速选择工具"与"魔棒工具"。

① 快速选择工具

快速选择工具在选项栏中通过设置画笔的大小、硬度、间距等，从而获得不同的选区效果，如图 2.106~ 图 2.108 所示。

图2.106　快速选择工具选项栏

图2.107　画笔大小为84像素的效果　　　图2.108　画笔大小为40像素的效果

② 魔棒工具

魔棒工具选项栏如图 2.109 所示。

• 容差：设置可以选取的颜色范围，取值越大，选择范围就越大。

• 连续：勾选上后将会选择与鼠标指针落点处颜色相近且相连的部分，取消勾选，则只会选取与鼠标落点处颜色相近的部分。

图2.109　魔棒工具选项栏

2. 选区的操作

利用 Ctrl+Shift+I 组合键实现选区的反选，利用 Ctrl+D 组合键可以取消选区。将鼠标放到选区内，当鼠标呈现 时，可移动选区或者利用上下左右方向键也可以移动选区。除了这些基本操作以外，选区的操作还包括以下部分。

（1）选区的填充

使用油漆桶工具可以用纯色填充选区，或者是执行"编辑"/"填充"命令可以用图案等填充选区，与填充图像相似，这里不再详述。

（2）选区的描边

执行"编辑"/"描边"命令可用纯色描边选区。

（3）选区的修改

执行"选择"/"修改"命令可以看到选区的修改一共可分为"边界""平滑""扩展""收缩""羽化" 5种：

• 边界：可以在选区的边界向内和向外进行扩展，扩展后的选区边界与原来的选区边界形成新的选区，替换原有选区。

• 平滑：清除选区边缘的杂散像素，消除尖角和锯齿，使选区的边缘平滑。

• 扩展与收缩：扩展选区可以将选区向外扩展一定宽度，收缩选区则相反，可以将选区向内收缩一定的宽度。

• 羽化选区：使选区的边缘产生过渡的效果，使选区的边缘更加柔和平滑，如图 2.110 和图 2.111 所示。

图2.110　选区未羽化　　　　　图2.111　羽化半径100像素

（4）变换选区

执行"选择"/"变换选区"命令，可利用控制点轻松实现对选区的移动、缩放、旋转和扭曲命令等。

—— 知识点提示 ——

移动选区时，选区的计算方式需是"新选区"才可以。如果选择好选区之后，使用工具栏中的移动工具，此时将会把选区的图像一起移动。

（5）移动、复制选区内图像

建立选区之后，我们通常需要对选区内图像进行移动、复制、粘贴等相关操作，这里做简单介绍。

• 移动选区内图像：选择工具箱中的移动工具，移动选区内图像的位置。

• 复制选区内图像：利用 Ctrl+C 组合键，如果复制的图像包含多个图层则执行"编辑"/"合并拷贝"命令，能够将可见图层中的内容复制到剪贴板中。

• 粘贴选区内图像：利用 Ctrl+V 组合键。在粘贴过程中，如果已经建立选区，执行"编辑"/"选择性粘贴"/"贴入"命令即可将图像放置到选区内。"外部粘贴"命令将图像粘贴到选区之外。

2.4.2 选区工具应用

1. 艺术照片设置

打开"第 2 章 / 案例素材 /12.jpg"，如图 2.112 所示，利用选区的变换和描边等操作，实现如图 2.113 所示的效果。

图 2.112　素材 12

图 2.113　效果图

操作步骤

（1）打开素材图像，按 Ctrl+J 组合键复制背景图层。

（2）单击工具箱中的"矩形选框"工具，绘制矩形选区。

艺术照片设置

（3）执行"选择"/"变换选区"命令，对选区进行适当调整。

（4）执行"编辑"/"描边"命令，设置颜色为白色，宽度为 20 像素，位置为内部。

（5）按 Ctrl+Shift+I 组合键反选，执行"滤镜"/"模糊画廊"/"场景模糊"命令，在选区内适当标记模糊区域，按 Enter 键完成模糊设置，按 Ctrl+D 组合键取消选区。

2. 为宠物换背景

打开"第 2 章 / 案例素材 /13.jpg"和"第 2 章 / 案例素材 /14.jpg"，如图 2.114 和图 2.115 所示，利用调整边缘命令实现如图 2.116 所示效果。

图2.114　素材13

图2.115　素材14

图2.116　效果图

操作步骤

（1）按 Ctrl+O 组合键打开素材 13 与素材 14。

（2）在素材 14 文档中，单击工具箱中的套索工具，建立大致选区。

（3）执行"选择"/"调整边缘"命令，选择"黑底"视图，如图 2.117 所示。

（4）选择"调整半径工具"，并设置合适的笔触大小，对狗的毛发边缘涂抹，效果如图 2.118
所示。

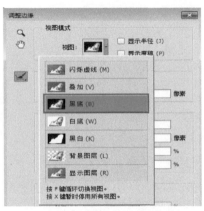

图2.117　调整边缘对话框　　　　　　　图2.118　涂抹效果

（5）在"调整边缘"对话框中设置羽化值为 1，勾选上"净化颜色"，单击完成。

（6）将狗的图片拖曳至素材 13 文档中，利用 Ctrl+T 组合键，调整图像大小并拖曳至合适位置。

3.　制作艺术版式

打开"第 2 章 / 案例素材 /15.jpg""第 2 章 / 案例素材 /16.jpg""第 2 章 / 案例素材 /17.
jpg""第 2 章 / 案例素材 /18.jpg""第 2 章 / 案例素材 /19.jpg"，如图 2.119~ 图 2.123 所示，利用
选区的操作完成图 2.124 所示效果。

图 2.119　素材 15　　　　图 2.120　素材 16　　　　图 2.121　素材 17

图 2.122　素材 18　　　　图 2.123　素材 19　　　　图 2.124　效果图

制作艺术版式

操作步骤

（1）打开素材"15.jpg"。依次将素材 16~18 依次拖曳至文档中，利用 Ctrl+T 组合键缩放图像。

（2）利用魔棒工具依次选择海绵宝宝素材图片的白色区域，按 Delete 键删除白色背景，如 2.125 所示。

（3）利用椭圆选区工具为素材 16 图像创建正圆选区，并执行"编辑"/"描边"命令为选区描边，颜色、宽度等信息自己设定，最后按 Ctrl+D 组合键取消选区。利用相同的方法为素材 17 图像添加圆圈效果，如图 2.126 所示。

图2.125　导入素材

图2.126　绘制图像圆环

（4）新建图层。利用椭圆选区工具绘制正圆选区，执行"编辑"/"填充"命令，为选区填充颜色。在选项栏中选择"从选区中减去"，再次绘制正圆选区，执行"编辑"/"填充"命令，填充色自行决定，按 Ctrl+D 组合键取消选区，效果如图 2.127 所示。可利用相同方法绘制多个插图元素。

（5）最后导入心形素材，去除背景即可完成，如图 2.128 所示。

图2.127　绘制插图

图2.128　最终效果

2.4.3 通道知识点

1. 通道的分类

通道用于放置图像的颜色和选区信息，与图像的色彩模式密切相关。利用通道可以创建选区，调整图像的色彩信息，从而进行图像的高级合成。通道分为复合通道、颜色通道、Alpha 通道和专色通道，如图 2.129 所示。

通道的分类

2. 通道面板的认识

利用通道面板可以轻松实现通道的基本编辑，通常在通道面板中单击鼠标右键即可选择编辑通道的命令，与图层面板相似，这里不再阐述。单击面板菜单也可以实现通道的编辑，如图 2.130 所示。

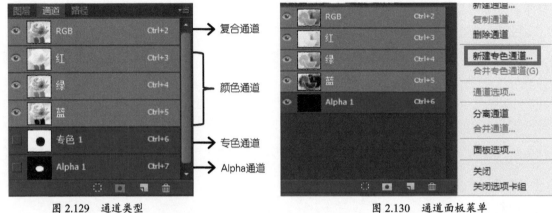

图 2.129　通道类型　　　　　　　　　　　图 2.130　通道面板菜单

通道面板底部按钮含义如下。

- 将通道作为选区载入：将当前通道中的图像转换为选区。
- 将选区存储为通道：将图像中的选区以图像的方式存放于新建的 Alpha 通道中。
- 创建新通道：创建一个新的 Alpha 通道。
- 删除当前通道：删除当前选中的通道。

2.4.4 通道应用

打开"第 2 章 / 案例素材 /20.jpg"与"第 2 章 / 案例素材 /21.jpg"，如图 2.131 和图 2.132 所示，利用通道相关知识制作如图 2.133 所示效果。

图2.131　素材20　　　　　图2.132　素材21　　　　　图2.133　效果图

操作步骤

（1）分别打开两个素材，如图 2.134 所示。

（2）选择狗所在文档，解锁背景图层。打开通道面板，在通道面板中看到蓝色通道中狗与背景的对比度较大，选中蓝色通道后单击鼠标右键，在弹出的快捷菜单中选择"复制通道"，如图 2.135 所示。

通道应用

图2.134 打开素材

图2.135 复制蓝色通道

（3）仅显示"蓝拷贝"通道，按 Ctrl+M 组合键打开"曲线"面板，通过调整使黑色部分更黑，白色部分更白，效果如图 2.136 所示。

（4）利用画笔工具将狗的眼睛、鼻子等部位涂黑，如图 2.137 所示。

（5）按住 Ctrl 键的同时单击"蓝拷贝"通道的图标，使其作为选区载入，然后单击复合通道，回到图层面板即可看到创建的选区。

（6）按 Ctrl+Shift+I 组合键反选选区，利用移动工具将选区图像拖曳至背景文档中。利用 Ctrl+T 组合键对狗的图像进行变换，即可获得效果。

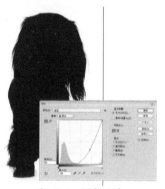

图2.136 调整曲线

图2.137 涂黑操作

── 知识点提示 ──

（1）通道抠图利用图像在各个通道中对比度不同的特点，因此操作过程中应选择对比度比较大的通道进行复制，并在进一步增加对比度的基础之上完成抠图。

（2）增加图像对比度的操作包括Ctrl+M组合键调整曲线、Ctrl+L组合键调整色阶等。

（3）通道抠图方法用于复杂图像的抠图，例如毛发、烟花、云朵、婚纱、烟雾等。

2.5 形状工具和路径

2.5.1 形状工具知识点

形状工具包括"矩形工具""圆角矩形工具""椭圆工具""多边形工具""直线工具""自定义形状工具"，如图 2.138 所示。形状工具的选项栏相似，这里以矩形工具为例。在矩形工具选项栏中将类型设置为形状，后面可设置形状的填充色、边框颜色、边框粗细等，如图 2.139 所示。

单击"设置"按钮，在弹出的下拉列表中有绘制矩形的多种方法供大家选择，如图 2.140 所示。利用多边形工具可以绘制三角形、六边形、星型等，需设置多边形的边数，如图 2.141 所示。

图 2.138　形状工具类型

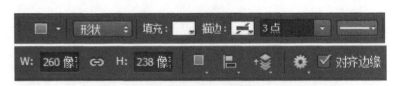

图 2.139　选项栏

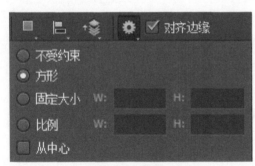

图 2.140　设置按钮

图 2.141　设置多边形边数

- 不受约束：绘制任意大小的矩形。
- 方形：绘制任意大小的正方形。
- 固定大小：选择此选项之后，在右侧设置高度和宽度，即可绘制固定尺寸的矩形。
- 比例：选择此选项之后，可以在后侧输入高度和宽度的比值，从而绘制一定比例的矩形。
- 从中心：选择此选项，以鼠标单击点为中心绘制矩形。

单击工具箱中的自定义形状工具，在选项栏中选择一种形状即可绘制所需的形状，默认提供有限的形状，单击"设置"按钮，选择"全部"即可看到系统所提供的全部形状，如图 2.142 和图 2.143 所示。图 2.144 所示案例为利用形状工具绘制图形的效果。

图2.142　默认提供形状

图2.143　选择更多形状

图 2.144　案例

2.5.2　形状工具应用

1. 绘制输入法皮肤

打开"第 2 章 / 案例素材 /22.jpg"和"第 2 章 / 案例素材 /23.jpg"，如图 2.145 和图 2.146 所示，

利用形状工具制作图 2.147 所示效果。

图2.145　素材22　　　　图2.146　素材23　　　　　　图2.147　效果图

操作步骤

（1）按 Ctrl+N 组合键新建文件，设置文件颜色模式为 RGB，背景颜色为白色，高度为 10cm，宽度为 20cm。

（2）绘制圆角矩形，设置填充为浅绿色，无边框。

（3）将素材 22 拖曳至文档中，按 Ctrl+T 组合键调整图像的大小，拖曳图像至合适的位置，并设置该图像所在图层混合模式为"变暗"。

绘制输入法皮肤

（4）将素材 23 拖曳至文档中，利用选区工具去除白色背景，调整图像的大小和位置。

（5）再次利用圆角矩形工具绘制白色矩形以及虚线框。

（6）利用文字工具输入文字即可完成。

2．制作宠物写真

打开"第 2 章 / 案例素材 /24.png"，如图 2.148 所示，利用形状工具制作图 2.149 所示效果。

图2.148　素材24　　　　　　　　图2.149　效果图

操作步骤

（1）新建文件，设置文件的大小为宽 500 像素，高 350 像素，颜色模式为 RGB 模式。

（2）选中渐变工具，打开渐变编辑器进行设置，其中两个端点的颜色分别为（RGB：180,210,17）和（RGB：10,91,45），如图 2.150 所示。填充背景图层。

制作宠物写真

（3）利用椭圆工具绘制圆形，填充色为 RGB（170,210,90），所在图层的不透明度为 60%。

（4）复制圆形所在图层，将新复制图层的不透明度设置为 100%。利用 Ctrl+T 组合键缩放圆形，并移动位置，使之与之前圆形形成圆环效果，如图 2.151 所示。

（5）将背景图层隐藏，选中两个圆形图层后单击鼠标右键，在弹出的快捷菜单中选择合并可见图层，形成"椭圆1拷贝"图层，效果如图2.152所示。

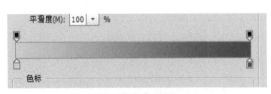

图2.150　渐变色编辑

图2.151　绘制圆形效果

（6）显示背景图层。然后根据需要多次复制"椭圆1拷贝"图层，利用Ctrl+T组合键调整大小和位置，效果如图2.153所示。

图2.152　图层合并

图2.153　复制圆环效果

（7）选中自定义形状中的脚印图案，设置填充色为白色，无边框。绘制图形，并添加阴影效果，如图2.154所示。

（8）导入素材图层，将其所在图层置于"椭圆1拷贝图层"上方，鼠标右键单击狗所在图层，在弹出的快捷菜单中选择"创建剪贴蒙版"，如图2.155所示，即可获得效果。

图2.154　添加脚印

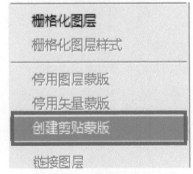

图2.155　创建剪贴蒙版

2.5.3　路径知识点

1. 路径的组成

（1）锚点：路径的节点称之为锚点，锚点为路径上面的矩形。当矩形为白色空心时，代表该锚点没有选中，当矩形为黑色实心时，代表该锚点已经被选中。通过调整锚点的数量以及位置可以修改路径的形状。锚点又分为平滑点和角点两种类型。

（2）调节柄和控制点：选中锚点时，将会出现调节柄和控制点。通过调节控制点位置可调整路径的形状。如图 2.156 所示。

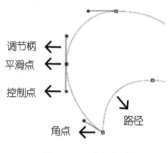

图2.156　路径组成

2. 创建路径

钢笔工具和形状工具均可以创建路径，利用钢笔工具可以创建自定义路径，利用形状工具可以创建固定形状的路径。利用形状工具创建路径时需在形状工具的选项栏中将类型设置为路径，如图 2.157 所示。

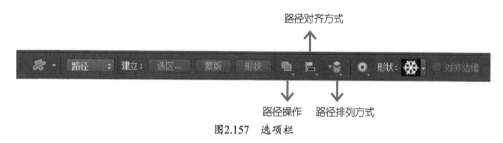

图2.157　选项栏

3. 认识路径面板

路径面板如图 2.158 所示，各个按钮介绍如下。

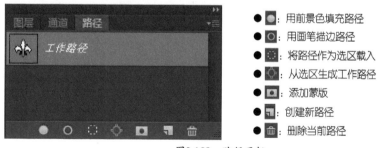

图2.158　路径面板

4. 路径的基本操作

利用路径面板可以对路径进行基本操作，除此之外选中路径单击鼠标右键或者是单击路径面板菜单都会弹出路径操作的命令，与其他面板相似，这里不再详述。其他操作可通过表2.6查看。

表2.6　路径的操作

操作	实现方法
路径的选择和移动	利用工具箱中的"直接选择工具"和"路径选择工具"（见图 2.159）
锚点的添加、删除、转换	利用工具箱中的"添加锚点工具""删除锚点工具"和"转换工具"（见图 2.160）
路径的变换	执行"编辑"/"变换路径"或"自由变换路径"命令
路径的填充	单击面板下方"用前景色填充路径"按钮，或者单击鼠标右键选择"填充路径"命令
路径的描边	单击面板底部"用画笔描边路径"或者利用面板菜单中的"描边路径"命令
路径与选区的转换	利用路径面板下方的"从选区生成路径"和"将路径作为选区载入"按钮

图2.159　路径的选择工具　　　　图2.160　锚点的编辑工具

2.5.4　路径应用

1. 利用路径填充制作凸显效果

打开"第 2 章 / 案例素材 /25.jpg"，如图 2.161 所示，利用路径的相关知识创建房屋的凸显效果，如图 2.162 所示。

图2.161　素材

图2.162　效果图

（操作步骤）

利用路径填充
制作凸显效果

（1）打开素材文件，执行"滤镜"/"模糊"/"高斯模糊"命令，设置半径为 10，如图 2.163 所示。

（2）执行"编辑"/"定义图案"命令，将当前图像定义为图案。

（3）打开"历史记录"面板，回到打开素材的步骤。

（4）选择工具箱中的"套索工具"，建立房子的大致选区。按 Ctrl+Shift+I 组合键反选选区。

（5）将鼠标放到选区内单击鼠标右键，在弹出的快捷菜单中选择"建立工作路径"。

（6）打开路径面板单击鼠标右键，在弹出的快捷菜单中选择"填充路径"命令。

（7）设置用之前定义的图案填充路径，并设置羽化半径为 20 像素，如图 2.164 所示，即可获得效果。

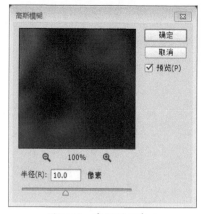
图2.163　高斯模糊命令

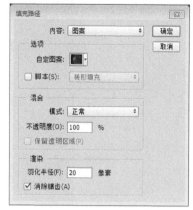
图2.164　填充路径命令

2. 利用路径描边制作梦幻效果

打开"第2章/案例素材/26.jpg"，如图2.165所示，利用路径的相关知识创建图2.166所示效果。

图2.165　素材

图2.166　效果图

操作步骤

（1）打开素材文件。

（2）在工具箱中选择"自定义形状"按钮，在选项栏中设置为路径，选择心形形状，绘制心形路径。利用路径选择工具移动路径的位置，如图2.167所示。

利用路径描边
制作梦幻效果

图2.167　绘制路径

（3）设置前景色为白色，选择画笔工具按F5快捷键，弹出画笔面板，对画笔的笔尖形状、形状动态、散布以及传递参数进行设置，如图2.168~图2.171所示。

（4）选择路径面板后单击鼠标右键，选择描边路径，在弹出的描边路径对话框中选择画笔，如图2.172所示。单击"确定"按钮，此时获得图像效果，如图2.173所示。

图2.168　笔尖形状设置

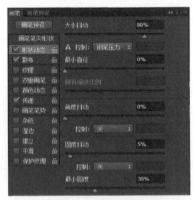

图2.169　形状动态设置

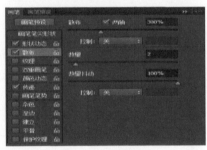

图2.170　散布设置

图2.171　传递设置

图2.172　描边路径对话框

图2.173　效果图

（5）利用相同方法再绘制一个心形路径，然后描边路径即可获得效果。

2.6 蒙版

2.6.1 蒙版知识点

蒙版用来控制图像的显示区域，利用蒙版可以在不破坏原图的基础之上完成抠图、合成图像、恢复图像等操作，常见的蒙版有图层蒙版、剪贴蒙版、矢量蒙版、快速蒙版等。

1. 图层蒙版

图层蒙版根据蒙版中的灰度信息控制图像的显示区域，蒙版中的白色区域遮盖下面图层内容，显示当前图层内容；黑色区域则遮盖当前图层内容，显示下面图层内容；灰色区域则会根据灰度值使当前图层中的图像呈现不同层次的透明效果。

创建图层蒙版的方法主要分为两种。

（1）整体图层

单击图层面板底部的"添加到图层蒙版"按钮或者执行"图层"/"蒙版"/"显示全部"命令，

将会创建一个白色蒙版；按住 Alt 键的同时单击"添加到图层蒙版"按钮或者执行"图层"/"蒙版"/"隐藏全部"命令，将会创建一个黑色的蒙版。黑色蒙版或白色蒙版创建好之后，可以利用画笔、渐变填充、橡皮擦等工具设置颜色从而控制图层的显示区域。

（2）选区图层

建立选区之后，执行"图层"/"蒙版"/"显示选区"或者是单击图层面板中"添加到图层蒙版"按钮，将会显示选区内的图像；执行"图层"/"蒙版"/"隐藏选区"或者是按住 Alt 键的同时单击图层面板中的"添加到图层蒙版"按钮，将会隐藏选区内的图像。

在图层面板中选中应用图层蒙版的图像，单击鼠标右键，可在弹出的快捷菜单中选择"停用图层蒙版"或者是"启用图层蒙版"命令来控制是否使用图层蒙版。

2. 剪贴蒙版

剪贴蒙版通过对象的形状控制其他图层的显示区域。选择需要创建剪贴蒙版的图层（不能是底层），在图层面板中单击鼠标右键，在弹出的快捷菜单中选择"创建剪贴蒙版"命令，即可创建剪贴蒙版。

3. 矢量蒙版

矢量蒙版是利用钢笔工具或各种形状工具创建的路径控制图像的显示区域。矢量蒙版常用来创建画框、Logo、按钮、面板等。执行"图层"/"矢量蒙版"/"当前路径"命令即可创建矢量蒙版。

4. 快速蒙版

快速蒙版主要用于创建选区。在工具箱中单击"以快速蒙版模式编辑"按钮，然后选择画笔工具在需要设置选区的区域涂抹，涂抹完成之后，再次单击"以快速蒙版模式编辑"按钮，刚刚画笔涂抹的区域之外将变为选区。

2.6.2 蒙版应用

1. 利用画笔创建图层蒙版

打开"第 2 章 / 案例素材 /27.jpg"和"第 2 章 / 案例素材 /28.jpg"，如图 2.174 和图 2.175 所示，利用画笔创建蒙版的方法制作如图 2.176 所示的效果。

图 2.174 素材 27

图 2.175 素材 28

图 2.176 效果

操作步骤

（1）打开两幅素材图片，拖曳海豚图像至素材 28 文档中，使其图层至于顶层。

（2）选择海豚所在图层，单击图层面板底部的"创建图层蒙版"按钮，创建白色蒙版。

利用画笔创建
图层蒙版

（3）设置前景色为黑色，利用画笔涂抹，此时涂抹区域将会被隐藏，在涂抹过程中不断改变画笔的大小和硬度，可以获得更加细致的处理，从而获得更好的图片合成效果。

2. 利用渐变工具创建图层蒙版

打开"第 2 章 / 案例素材 /29.jpg"和"第 2 章 / 案例素材 /30.jpg"，如图 2.177 和图 2.178 所示利用渐变工具创建蒙版的方法制作如图 2.179 所示的效果。

图2.177　素材29

图2.178　素材30

图2.179　效果图

操作步骤

利用渐变工具
创建图层蒙版

（1）打开素材 30，将素材 29 拖曳至素材 30 文档中，利用 Ctrl+T 组合键调整大小和位置，如图 2.180 所示。

图2.180　打开素材

（2）选择图层 1，单击图层面板中的"添加图层蒙版"按钮。

（3）单击工具箱中的渐变工具，渐变工具设置如图 2.181 所示，拖曳鼠标获得渐变效果。

（4）选择工具栏中的文字工具，输入文字"保护环境"，根据个人喜好设置字体，为文字图层添加描边的图层样式。

图2.181　渐变工具选项栏

3. 创建剪贴蒙版

打开"第 2 章 / 案例素材 /31.psd"，利用剪贴蒙版的知识制作图 2.182 所示的效果。

图2.182　效果图

操作步骤

（1）打开素材文件，在图层 5 下方新建文字图层，文字内容为"多彩世界"，华文彩云字体，黑色。拖曳文字至合适位置，使其能被图层 5 的图像覆盖，如图 2.183 所示。

（2）选中图层 1，利用魔棒工具选择透明区域，按 Ctrl+Shift+I 组合键反选。选中图层 2 单击鼠标右键，在弹出的快捷菜单中选择"创建剪贴蒙版"，如图 2.184 所示，按 Ctrl+D 组合键取消选区。

（3）采用相同的方法，利用图层 3 与图层 4 创建如图 2.185 所示的效果。

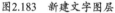

图2.183 新建文字图层

图2.184 创建剪贴蒙版

图2.185 效果图

（4）隐藏图层 5，选中文字图层，利用魔棒工具选中文字内部区域。显示并选中图层 5，单击图层面板"添加图层蒙版" 按钮，得到图 2.186 所示的效果。

（5）将所有图层呈可见状态，选中图层 5 单击鼠标右键，执行"合并可见图层"命令。

（6）新建图层命名为"背景"，将其置于底层，用 RGB（206,233,132）填充，如图 2.187 所示。

图2.186 图像效果

图2.187 图层面板

4. 创建矢量蒙版

打开"第 2 章 / 案例素材 /32.jpg""第 2 章 / 案例素材 /33.jpg""第 2 章 / 案例素材 /34.jpg"，利用剪贴蒙版的知识制作图 2.188 所示的效果。

操作步骤

（1）打开素材，将花放置于背景图层之上（见图 2.189）。

图2.188　效果图

图2.189　图层面板

（2）选中图层 1，利用自定义工具创建心形路径，执行"图层"/"矢量蒙版"/"当前路径"命令，即可创建矢量蒙版。

（3）为图层 1 添加描边以及投影图层样式即可获得效果。

5. 蒙版综合案例

打开"第 2 章 / 案例素材 /35.jpg"，如图 2.190 所示，利用蒙版的相关知识，制作图 2.191 所示的效果图。

操作步骤

（1）打开素材文件。

（2）复制背景图层 2 次，生成"背景拷贝"和"背景拷贝 2"图层。

（3）隐藏"背景拷贝"与"背景拷贝 2"图层，选中"背景"图层，设置前景色为白色，新建"图层 1"，按 Alt+Delete 组合键填充新图层，设置新图层不透明度为 30%，如图 2.192 和图 2.193 所示。

图2.190　素材

图2.191　效果图

图2.192 图像效果　　　　　　　图2.193 图层显示

（4）选中并显示"背景拷贝"图层，按住 Alt 键的同时单击图层面板底部的"新建图层蒙版" ，创建一个黑色蒙版。选中矩形工具，选项栏中设置为"像素"选项，创建一个矩形，效果如图 2.194 和图 2.195 所示。

图2.194 图像效果　　　　　　　图2.195 图层面板显示

（5）为该图层添加投影、描边的图层样式，如图 2.196 和图 2.197 所示。

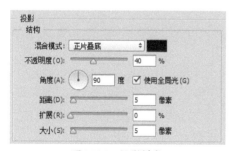
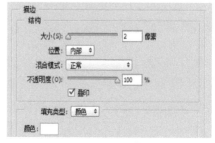

图2.196 投影样式　　　　　　　图2.197 描边样式

（6）继续绘制大小不同的矩形，效果如图 2.198 和图 2.199 所示。

（7）显示并选中"背景拷贝 2"图层，为其添加黑色的图层蒙版。复制"图层拷贝"的图层样式，将其粘贴至"背景拷贝 2"图层中，在"背景拷贝 2"图层中利用相同的方法绘制矩形，保持矩形的大小有变化，可以与下层中的矩形有重叠，如图 2.200 所示。

图2.198　图像效果　　　　　　图2.199　图层效果　　　　　　图2.200　图像显示效果

（8）选中"背景拷贝"图层，单击调整面板 按钮，在调整面板中选择"照片滤镜"，设置滤镜为"加温滤镜（85）"，浓度为50%。创建剪贴蒙版，并设置该图层的混合模式为滤色，不透明度为70%。如图2.201和图2.202所示，即可获得效果图。

图2.201　调整设置　　　　　　　　图2.202　图层面板效果

2.7　本章小结

　　本章阐述了软件的基本操作，具体包括图像的基本操作、图层的应用、选区的应用、形状工具和路径的应用、蒙版和通道的应用，包括了Photoshop中几乎所有操作。首先在认识软件界面的基础之上，掌握图像的基本操作，包括图像的变换、填充等。多个图层的叠加才可获得最终的设计效果，熟练掌握图层混合模式和图层样式的运用可以设计多种具有特殊效果的图像效果。选区工具包括选框类工具、套索类工具、快速选择工具等，选择合适的选区工具可以实现完成不同情况下的抠图，除此之外，利用选的描边、运算等操作可绘制个性图案。通道主要用来存放图像的颜色和选区信息，利用通道可以修改图像的颜色、保存图像的选区信息，主要用于复杂图像的抠图，例如发丝、火焰、云等。形状工具主要用于图形的绘制，点缀图像效果，利用形状工具和钢笔工具可以绘制路径，在实际图像编辑时，主要运用路径的描边、填充以及与选区的转换操作。通过蒙版控制图像的显示区域，主要用于图像的合成，蒙版主要分为图层蒙版、矢量蒙版、剪贴蒙版等。本章节主要介绍软件的基本操作，希望学习者能够通过本章节掌握基本的技巧，为后续设计作品的学习奠定基础。

2.8 习题

1. 修改圆环颜色

打开"第 2 章 / 习题素材 /01.jpg"，如图 2.203 所示，利用"选择"/"色彩范围"命令的相关知识，完成圆环颜色的修改，如图 2.204 所示。

 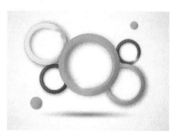

图2.203　素材01　　　　　　　　图2.204　效果图

2. 制作涂鸦鞋子

打开"第 2 章 / 习题素材 /02.jpg"和"第 2 章 / 习题素材 /03.jpg"，如图 2.205 和图 2.206 所示，利用图层混合模式以及图像变换的相关知识，完成涂鸦鞋子的制作，如图 2.207 所示。

图2.205　素材02　　　　　图2.206　素材03　　　　　图2.207　效果图

3. 利用通道抠图

打开"第 2 章 / 习题素材 /04.jpg"和"第 2 章 / 习题素材 /05.jpg"，如图 2.208 和图 2.209 所示，利用通道抠图的相关知识，完成图 2.210 所示的效果。

图2.208　素材04　　　　　图2.209　素材05　　　　　图2.210　效果图

4. 利用形状工作绘制按钮

利用形状工具、文字工具等相关知识，完成图 2.211 所示的效果。（提示：箭头设置发光效果）

图2.211　效果图

5. 利用蒙版合成图像

打开"第 2 章 / 习题素材 /06.jpg"和"第 2 章 / 习题素材 /07.jpg",如图 2.212 和图 2.213 所示,利用图层蒙版等相关知识,完成图 2.214 所示的效果。

图2.212　素材06

图2.213　素材07

图2.214　效果图

第3章

数码照片后期处理

↗ 本章概述

随着社会发展，人们可以利用手机或者是照相机随时随地拍照，手机和相机功能的不断强大使拍照变得轻松容易。借助拍照工具的强大功能以及简单的美图软件，我们可以获得所需照片。但更多时候，由于自然条件、拍照技巧、特殊用途等多种原因使得我们拍摄的照片不能直接使用，还需要进行后期处理。本章主要介绍数码照片后期处理的常见类型，涉及证件照的制作、人物面部和身材的美化、产品图片美化、抠图更换背景等。希望大家通过本章内容的学习，掌握数码照片后期处理的基本方法，获得能够满足不同需求的照片效果。

↗ 本章学习要点

◇ 了解数码照片后期处理的应用领域　　　　◇ 熟悉数码照片后期处理涉及的知识点

◇ 掌握证件照制作的方法　　　　　　　　　◇ 掌握人物美化的处理方法

◇ 掌握背景更换的常用方法　　　　　　　　◇ 掌握产品美化的处理方法

3.1 　行业背景知识简介

数码照片后期处理在较多行业均会有涉及，例如广告业、产品包装行业等，与我们生活联系较为紧密的则是影楼照片的后期处理以及淘宝产品照片的后期美化。影楼拍摄的照片多为人物写真、婚纱摄影等，这些照片均需要通过后期处理来获得所需的艺术效果。淘宝网等购物网上所陈列的产品图片或者是产品效果图通常需要通过后期的美化，从而获得消费者的青睐，并因此使得淘宝美工的行业逐渐壮大。除这些行业涉及数码照片的后期处理之外，人们平常拍摄的照片通常无需印刷出来，而是发到网络平台与大家分享，为了美观通常会经过稍许处理，对于这些较为简单的图片处理，不必通过专业人士，大家可以通过 Photoshop 软件自行进行后期处理。综上可知，数码照片的后期处理在多个行业中均会涉及，在平常生活中也经常用到，本章将会介绍在商业以及生活中应用数码照片后期处理的典型案例，使学习者熟练掌握相关技巧。

3.2 　本章重要知识点

3.2.1 各种工具的使用

本章所使用的工具包括裁剪工具、钢笔工具、修补工具、盖印图章工具以及修复工具，各种工具的运用情况如表 3.1 所示。

表3.1　工具的运用情况

工具	运用情况
裁剪工具	裁剪工具能够解决图像构图不合理、仅需要图像中某部分的问题，在本章利用裁剪工具修改图像大小，获得证件照
钢笔工具	钢笔工具常用于路径的绘制，路径和选区的转换功能使其常作为抠图工具使用。商业产品抠图中常用钢笔工具，适用于外形复杂、精确度要求高的抠图
修补工具、盖印图章工具以及污点修复工具	修补工具、盖印图章工具以及污点修复工具功能相似，常用于去除图像中多余的部分、污点、斑点、划痕等，起到修饰和修补图像的目的。在实际运用过程中要根据实际情况，进行选择

3.2.2 滤镜

本章所使用的滤镜包括"高斯模糊"滤镜、"液化"滤镜、"锐化"滤镜、"高反差保留"滤镜，这 4 种滤镜在数码照片后期处理中的应用情况如表 3.2 所示。

表3.2　滤镜的运用情况

滤镜	运用情况
"高斯模糊"滤镜	"高斯模糊"滤镜能够添加低频细节，使图像产生一种朦胧的效果，在数码照片后期处理中常借助"高斯模糊"滤镜实现磨皮效果，美化人物面部
"液化"滤镜	"液化"滤镜是一种修饰图像和创建艺术效果的变形工具，可以方便地创建推拉、旋转、收缩等变形效果，常用于数码照片的后期修饰，如人物体型的调整、面部结构调整等
"锐化"滤镜	"锐化"滤镜可以通过增强相邻像素之间的对比度来聚集模糊的图像，提高图像的清晰度，包括"USM 锐化""进一步锐化""锐化边缘""智能锐化"等

续表

滤镜	运用情况
"高反差保留"滤镜	利用"锐化"滤镜可以提高图像的清晰度，而有时容易出现较多的杂色，这时利用"高反差保留"滤镜可以在有强烈颜色转换的地方按指定的半径保留边缘细节。具体过程为利用"高反差保留"滤镜得到有图像颜色交界边缘的灰色图像，然后设置灰色图像所在图层的混合模式为叠加，从而强化图像的清晰度

3.2.3 图层蒙版

蒙版具有显示和隐藏图像的功能，图层蒙版通过黑白色图像来控制图像的显示和隐藏范围，最大的优点是在显示和隐藏图像时，对原图像没有影响。在数码照片的后期处理中常利用图层蒙版完成图像的合成。

3.2.4 照片颜色修正

在数码照片的后期处理中，图像的颜色修正是一个使用频率较高的操作，几乎所有的照片在后期处理中均或多或少涉及颜色的修正。照片颜色修正的常用方法有 3 种，具体如表 3.3 所示。

表3.3　颜色修正方法

方法	操作描述
调整图层	单击"图层"面板下方的"创建新的填充或调整图层"按钮，在弹出的菜单中选择合适的调整方法，即可创建调整图层，如图 3.1 所示
"调整"面板	在"调整"面板中选择一种调整操作后，将会弹出相对应的"属性"面板，通过设置"属性"面板来修正照片的颜色，如图 3.2 所示
图像调整命令	执行"图像"/"调整"命令，在弹出的菜单中选择合适的调整方式即可，数码照片的后期处理中常用的是"色阶"和"曲线"命令，所对应的组合键分别为 Ctrl+L 和 Ctrl+M，如图 3.3 所示

图3.1　调整图层

图3.2　"调整"面板

图3.3　图像调整命令

3.3　数码照片后期处理案例

3.3.1 证件照制作

在实际的工作和生活中，经常会使用到证件照。大家可以去影楼拍摄，如果掌握利用 Photoshop 制作证件照的方法，便可以就地取材，自己制作证件照。

1. 设计思路

证件照由于用途的特殊性，与其他数码照片有本质区别，主要体现在尺寸以及背景色两个方面。证件照常用尺寸包括一寸（2.5cm×3.5cm）、小二寸（3.3cm×4.8cm）、两寸（3.5cm×5.3cm），背景通常为红色、蓝色、白色。因此在自己制作证照时需要利用裁剪工具使照片的尺寸符合证件照标准，另外关于证件照的背景方面，自己拍摄时可就地取材，利用白色墙壁作为背景拍摄正面照，然后通过 Photoshop 软件将背景色修改为所需的颜色。

2. 操作步骤

打开素材，如图 3.4 所示，利用裁剪工具的相关知识，完成红色背景的 1 寸证件照的制作，如图 3.5 所示。

证件照制作

图3.4　素材　　　　　　　图3.5　效果图

（1）按 Ctrl+O 组合键打开白色墙壁背景的素材。

（2）在工具箱中选择裁剪工具，设置宽度为 2.5cm，高度为 3.5cm，分辨率为 300ppi，调整裁剪图像的合适位置，如图 3.6 所示。

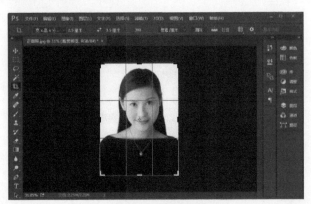

图3.6　裁剪图片

（3）在工具栏中选择魔棒工具，选中白色背景，如图 3.7 所示。

（4）在"色板"面板中找到合适的红色，如图 3.8 所示，按 Alt+Delete 组合键，利用前景色填充选区，即可将证件照的背景更改为红色，按 Ctrl+D 组合键取消选区，即可完成效果。

 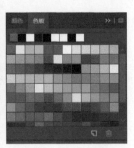

图3.7　创建选区　　　　　　图3.8　色板工具

3.3.2 人物面部美化

1. 设计思路

人物面部的美化一般包括祛斑、磨皮、肤色调整等，通过皮肤质感、脸型轮廓、五官、妆容等局部细节的调整，突出人物气质，塑造人物的面部美感。人物面部美化的一般流程为，首先利用高斯模糊滤镜去掉人物皮肤区域的瑕疵，其次利用高斯模糊滤镜消除人物五官和面部轮廓的瑕疵，最后为人物面部添加各种妆效。

2. 操作步骤

打开素材，如图 3.9 所示，利用"高斯模糊"滤镜等相关知识，完成人物面部美化，如图 3.10所示。

图3.9　素材　　　　　　　　　　图3.10　效果图

（1）按 Ctrl+O 组合键打开素材文件，复制背景图层形成"背景拷贝"图层，执行"滤镜"/"模糊"/"高斯模糊"命令，弹出"高斯模糊"对话框，在该对话框中设置半径为 5 像素，如图 3.11 所示。

（2）按住 Alt 键的同时，单击"图层"面板底部的"添加图层蒙版"按钮，添加图层蒙版，如图 3.12 所示。

人物面部美化 01

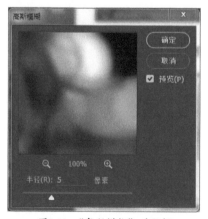 

图3.11　"高斯模糊"对话框　　　　图3.12　"图层"面板

（3）设置前景色为白色，选择画笔工具，设置画笔的不透明度为 50%，如图 3.13 所示。

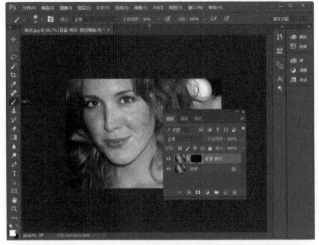

图3.13　设置画笔工具

（4）在蒙版状态下，用画笔涂抹皮肤面积较大的区域（如脸蛋、额头等），如图 3.14 所示，然后缩小画笔大小，涂抹皮肤面积较小的区域（如嘴巴附近），如图 3.15 所示。注意此时五官和面部轮廓区域不要涂抹。

图3.14　涂抹皮肤面积大的区域

图3.15　涂抹皮肤区域面积小的区域

（5）新建一个图层，按 Ctrl+Alt+Shift+E 组合键盖印图层，执行"滤镜"/"模糊"/"高斯模糊"命令，在弹出的"高斯模糊"对话框中设置半径为 2 像素，如图 3.16 所示。

（6）按住 Alt 键的同时，单击"图层"面板底部的"添加图层蒙版"按钮，添加图层蒙版，设置前景色为白色不变，选择画笔工具涂抹人物的五官以及面部轮廓区域，如图 3.17 所示。

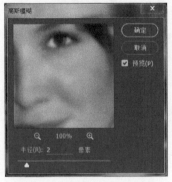

图3.16　"高斯模糊"对话框

图3.17　涂抹五官和面部轮廓效果图

（7）新建图层，按 Ctrl+Alt+Shift+E 组合键盖印图层，执行"滤镜"/"模糊"/"高斯模糊"命令，在弹出的"高斯模糊"对话框中设置半径为 10 像素，如图 3.18 所示，按住 Alt 键的同时，单击"图层"面板底部的"添加图层蒙版"按钮,用白色画笔涂抹皮肤中间位置,进一步把皮肤变得自然,如图 3.19 所示。

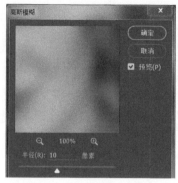

图3.18 "高斯模糊"对话框

图3.19 皮肤变自然效果

(8)新建图层,按 Ctrl+Alt+Shift+E 组合键盖印图层,执行"滤镜"/"模糊"/"高斯模糊"命令,在弹出的"高斯模糊"对话框中设置半径为 15 像素,按住 Alt 键的同时,单击"图层"面板底部的"添加图层蒙版"按钮,用白色画笔涂抹皮肤中间位置,使皮肤效果光滑,如图 3.20 所示。

(9)新建图层,按 Ctrl+Alt+Shift+E 组合键盖印图层,设置图层的混合模式为"滤色",不透明度改为 20%,利用这种方法去除人物面部的法令纹,如图 3.21 所示。

图3.20 皮肤光滑效果

图3.21 去除法令纹效果

(10)新建图层,按 Ctrl+Alt+Shift+E 组合键盖印图层,单击工具箱中的快速蒙版工具,然后选择画笔工具,设置不透明度为 65%,如图 3.22 所示。再用画笔描出眉毛,如图 3.23 所示。

图3.22 设置画笔

图3.23 涂抹眉毛

(11)取消快速蒙版,按 Ctrl+Shift+I 组合键反选选区,添加曲线调整层,设置图层混合模式为"正片叠底",如图 3.24 所示。

（12）对蒙版执行"滤镜"/"模糊"/"高斯模糊"命令，在弹出的"高斯模糊"对话框中设置数值为3，获得图像效果如图3.25所示。

图3.24　添加"曲线"调整图层

图3.25　效果图

（13）单击工具箱中的快速蒙版工具，选择画笔，设置不透明度为100%，涂抹眼睛部位，如图3.26所示。

（14）取消快速蒙版，按Ctrl+Shift+I组合键反选选区，选择"调整"图层中的"色阶"，把右侧的滑动条向左滑动，增加眼睛的明度，如图3.27所示。

图3.26　画笔涂抹眼睛

图3.27　添加"色阶"图层

（15）新建两个图层，从画笔中找到"眼睫毛"画笔（"眼睫毛"画笔附于电子素材中），调整大小，在左侧眼部和右侧眼部单击。其中右侧眼睫毛可以执行"编辑"/"变换"/"水平翻转"命令修改。效果如图3.28所示。

人物面部美化02

（16）分别在两个眼睫毛上执行"编辑"/"变换"/"变形"命令，调整眼睫毛的大小和位置，使其与眼睛吻合，如图3.29所示。

（17）给两个眼睫毛添加颜色，选择"调整"图层中的"色彩平衡"，将眼睫毛颜色调整为和头发相似的颜色，如图3.30所示。

图3.28　添加眼睫毛

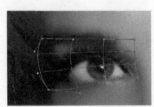
图3.29　调整眼睫毛大小和位置

图3.30　添加眼睫毛颜色

（18）新建图层，按Ctrl+Alt+Shift+E组合键盖印图层，执行"滤镜"/"液化"命令，在眼部单击，对眼睛进行编辑修改，使眼睛变大变亮，如图3.31所示。

（19）新建图层，图层混合模式设置为颜色，选择喜欢的颜色在人物嘴上涂抹，添加人物的口红效果，如图 3.32 所示。

图3.31　眼睛变大效果　　　　　　　图3.32　添加口红效果

（20）新建图层，选择一个柔和边缘的画笔，设置不透明度为 20% 左右，流量为 30%，在脸部轻拍，添加人物面部的腮红效果，即可获得最终效果。

3.3.3　人物体型美化

1. 设计思路

人物体型的美化多为人物的瘦身效果处理，将照片中的手臂、腰部、大腿等部位进行处理从而得到完美线条，获得瘦身效果。"液化"滤镜能够实现变形效果，是美化人物体型的有效工具。在美化人物体型过程中，选择"液化"滤镜，并根据实际情况不断调整画笔的大小才能获得理想效果。

2. 操作步骤

打开素材，如图 3.33 所示，利用"液化"滤镜等的相关知识，完成瘦身效果，如图 3.34 所示。

人物体型美化

图3.33　素材　　　　　　　　　　图3.34　效果图

（1）按 Ctrl+O 组合键打开素材文件。

（2）执行"滤镜"/"液化"命令，弹出"液化"对话框，如图 3.35 所示。

图3.35　"液化"对话框

（3）在对话框左侧选择向前变形工具 ，在对话框右侧的"画笔工具选项"中选择合适的画笔大小，然后从人物的大腿轮廓边缘向上拖动，如图3.36所示。

图3.36　修改腿部

（4）保持向前变形工具 的选中状态，减小画笔的大小，在人物的小腿、腰身、手臂等部分进行调整。

（5）调整过程中要根据实际情况随时变换画笔的大小，从而获得理想的效果。所有需要调整部位完成后，单击"液化"对话框中的"确定"按钮即可。

3.3.4 利用蒙版合成图像

1. 设计思路

数码照片的拍摄过程中，由于自然环境等条件的限制，无法获得理想的拍摄效果，通常需要进行后期的照片处理。例如，当天气不好时，外出拍摄的照片很容易出现整体颜色偏暗、天空效果不佳等现象，在后期照片的处理过程中，首先调亮图像的颜色，然后利用蒙版将好看的天空图像与拍摄照片进行合成，实现天空背景的更换，从而获得理想的图像效果。

2. 操作步骤

打开素材，如图3.37和图3.38所示，利用"曲线"等的相关知识，完成更换天空操作，如图3.39所示。

图3.37　天空素材

图3.38　原始素材

利用蒙版
合成图像

图3.39　效果图

（1）利用 Ctrl+O 组合键分别打开两幅素材文件。

（2）在"原始素材"文件中，利用 Ctrl+M 组合键，弹出"曲线"对话框，通过曲线的调整，提高原始图像的亮度，如图 3.40 所示。

（3）在"天空素材"文件中，利用"裁剪工具"截取需要用于做背景的部分，并将其拖曳至原始图像中，利用 Ctrl+T 组合键调整位置，调整过程中注意光照的位置，如图 3.41 所示。

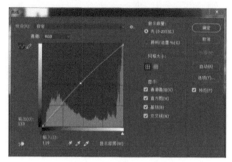

图3.40 "曲线"对话框

图3.41 天空素材拖曳效果

（4）隐藏天空图像所在的图层，选择原素材所在的图层，利用魔棒工具将天空选出来，如图 3.42 所示。

（5）显示并选择天空所在的图层，单击"图层"面板底部的"添加图层蒙版"按钮，这时图像的基本形状就已经出来了，如图 3.43 所示。

图3.42 利用魔棒选区天空区域

图3.43 效果

（6）最后前景色设置为白色，利用画笔处理一下树枝等细节部分。

3.3.5 去除图像的Logo和水印

很多时候利用数码相机拍摄的照片上会显示拍照的时间，影响图像的画面美感，我们需要将日期消除。相同的，带有 Logo 和水印的产品图片影响了商品的直观展示，更多时候需要将其消除。去除产品图像 Logo 和水印的方法与去除图像日期的方法相同，这里以去除图像的 Logo 和水印为例，讲解在数码照片的后期处理中，如何在不影响图像效果的基础上，去除图像中不需要的部分。

1. 设计思路

去除图像的 Logo 和水印，主要用到修补工具、污点修复工具以及仿制图章工具。在实际使用过程中，通常先使用修补工具修补大面积色彩单一的部分，然后利用污点修复工具处理 Logo 和水印所触及的非边缘地方，最后用仿制图章工具一点点修补图像边缘的 Logo 和水印。

2. 操作步骤

打开素材，如图 3.44 所示，利用"修补工具""污点修复工具""仿制图章工具"等的相关知识，完成图像 Logo 和水印的消除工作，如图 3.45 所示。

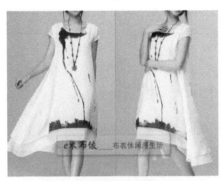

图3.44　素材　　　　　　　　　　　　　　图3.45　效果图

（1）按 Ctrl+O 组合键打开素材文件。

（2）首先去除水印的中间部分。选中工具箱中的修补工具▦，在水印的中间绘制选区，如图 3.46 所示。

（3）按住鼠标将选区向上（没有水印的地方）移动，移动时注意中线的对齐，如图 3.47 所示。

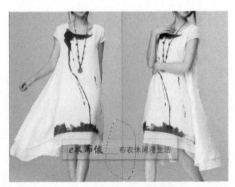

图3.46　绘制选区　　　　　　　　　　　　图3.47　选区移动

（4）拖曳选区至合适的位置，松开鼠标，即可完成水印中间部分的消除，如图 3.48 所示。

（5）其次去除裙子以及其他部分不涉及边缘部分的水印。选中工具箱中的污点修复工具✐，擦除不涉及边缘部分的水印。擦除杂色时，可多擦除几次，直至达到理想效果，如图 3.49 所示。

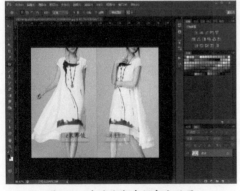

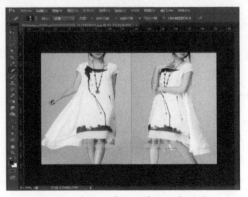

图3.48　去除水印中间部分效果　　　　　　图3.49　去除不涉及边缘的水印效果

（6）最后去除边缘部分的水印。选择工具箱中的仿制图章工具，根据背景光线的变化，选择合适的取样点，去除剩余部分的水印。

3.3.6　钢笔抠图

1. 设计思路

抠图是数码照片后期处理中比较常见的操作，而在商业中产品抠图也是美工一个日常性、重复性的工作，可见抠图的重要性和普遍性。抠图的方法有多种，其中钢笔工具常用于复杂的精确的图像抠图，利用钢笔抠图的基本操作是，首选绘制出图像的精细路径，并通过转换为选区的方法去除背景。利用钢笔抠图时要注意根据实际情况添加和删除锚点，如果钢笔抠图无法获得满意的抠图效果，可同时利用调整边缘等操作，完成细节的抠图。

2. 操作步骤

打开素材，如图 3.50 所示，利用钢笔工具等的相关知识，完成产品抠图操作，如图 3.51 所示。

钢笔抠图

图3.50　素材

图3.51　效果图

（1）按 Ctrl+O 组合键打开素材图片。

（2）选择工具箱中的钢笔工具，绘制出人物的大致轮廓，如图 3.52 所示。

（3）在图像上右击，在弹出的快捷菜单中选择"建立选区"，利用 Shift+Ctrl+I 组合键执行选区的反选操作，即可将人物轮廓建立为选区。

（4）按 Ctrl+J 组合键，将选区建立为一个新的图层，如图 3.53 所示。

图3.52　人物轮廓路径

图3.53　选区建立为一个新的图层

（5）新建一个图层，位于抠图图层下方，并用红色填充红色，如图 3.54 所示。

（6）对于头发等边缘细致的地方，利用调整边缘命令进行适当调整即可获得理想效果。

图3.54　添加红色图层

3.3.7　产品照片的美化

1. 设计思路

电子商务产品的照片，通常需要后期的美化处理，才可以放置在购物网站上。产品照片的美化涉及清晰度和色彩调整两个方面。具体操作是，首先利用"锐化"滤镜提高照片的清晰度，然后，对于锐化过程中出现的杂色，利用"高反差保留"滤镜强化图像的清晰度，最后利用"色相/饱和度""曲线"等操作对产品的照片进行调色。

2. 操作步骤

打开素材，如图 3.55 所示，利用"锐化"滤镜、"色相/饱和度"和"曲线"等的相关知识，完成产品照片的美化，如图 3.56 所示。

产品照片的美化

图3.55　素材

图3.56　效果图

（1）按 Ctrl+O 组合键打开素材文件，执行"滤镜"/"锐化"/"USM 锐化"命令，弹出"USM 锐化"对话框，设置"数量""半径"和"阈值"，如图 3.57 所示。

（2）复制背景图层，形成"背景拷贝"图层，执行"滤镜"/"其他"/"高反差保留"命令，在弹出的"高反差保留"对话框中设置半径为 3.2 像素，如图 3.58 所示。

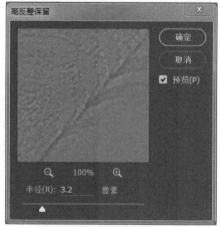

图3.57　"USM锐化"对话框　　　　　　图3.58　"高反差保留"对话框

（3）设置"背景拷贝"图层的图层混合模式为"叠加"，达到突出图片的目的，如图3.59所示。

（4）在"调整"面板中选择"色相／饱和度"，对图片的色相、饱和度和明度进行调整，使图片颜色鲜艳，如图3.60所示。

（5）在"调整"面板中选择"曲线"，为图片添加蓝色的冷色调，如图3.61所示，使毛巾在视觉上更新更干净。

图3.59　图层混合模式　　　　图3.60　色相/饱和度调整　　　　图3.61　"曲线"调整

3.4　本章小结

　　本章主要介绍了数码照片后期处理的相关知识。数码照片后期处理的应用涉及多个行业，其中人们最常见的则是影楼的照片后期处理以及淘宝购物网站上产品照片的后期处理，平常生活中我们也会用到。数码照片后期处理的常见案例有证件照的制作、人物面部美化、人物体型美化、利用蒙版合成图像、去除图像的 Logo 和水印、钢笔抠图以及产品照片的美化等，这些常见案例所涉及的知识点包括钢笔工具、仿制图章工具等各种工具；"锐化"滤镜、"高斯模糊"滤镜等多种滤镜；图层蒙版以及照片颜色的修正等，其中照片颜色的修正是数码照片后期处理中使用频繁的操作。随着手机拍照的普遍性以及电子商务的发展，数码照片的后期处理涉及范围非常广，在处理过程中多点细心和耐心，相信一定会获得想要的效果。

3.5 习题

1.请将图 3.62 中人像脸上的斑点去掉，效果见图 3.63。

图3.62　素材　　　　　　　图3.63　效果图

2.请将图 3.64 的人像与图 3.65 的风景照片合在一起，效果如图 3.66 所示。

 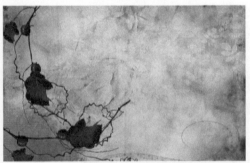

图3.64　素材（1）　　　　　　　图3.65　素材（2）

图3.66　效果图

第4章

字体设计

↗ **本章概述**

字体设计，就是将文字按照视觉审美规律进行整体造型的过程，是为某一具体内容而服务的、具有清晰完美的视觉形象的文字造型活动。它以研究字体的合理结构、字形之间的有机联系及字形的排列为目的。字体设计在商业设计中的应用十分广泛，常应用于游戏设计、卡通设计、包装设计、影视设计和网页设计中。

↗ **本章学习要点**

✧ 根据文字的内容，对文字字形和结构进行改变
✧ 熟练运用替代法、尖角法、断肢法、错落摆放法、
  方正法、横细竖粗法、随意手写等方法来设计字体
✧ 根据文字内容加入与其有关的素材并融合

4.1 行业背景知识简介

字体设计，也可以理解为文字设计，意为对文字按视觉设计规律加以整体的精心安排。在平面设计、品牌设计中，文字不仅可以表达作者的思想，而且也兼具有视觉识别符号的特征，它不仅可以表达概念，同时也通过视觉的方式传递信息。对于现代平面设计而言字体设计是不可分割的一部分，字体的美感、文字的编排，对版面的视觉传达效果有着直接影响。设计师需要有将司空见惯的文字融入新的情感和理性化的秩序驾驭能力，以及从外表到内在，从视觉效果到触觉感受的审美观察能力，始终以"秩序之美"的设计思想作为设计的追求，同时还能赋予观者一种文字和形色之外的享受与满足。随着时代经济的发展，字体设计的应用形式、传播媒介、表达方式、创作方法等有了更多层次的拓展，而字体设计存在于人们接触到的包括出版物、包装、电影、海报、标志、书籍封面等的媒体当中，影响着人们接收信息的方式和感受。

字体设计的常用方法有替代、尖角、断肢、错落摆放、方正、横细竖粗、随意手写等。

1. 替代法

替代法是在统一形态的文字元素中加入另类不同的图形元素或文字元素，其本质是根据文字的内容意思，用某一形象替代字体的某个部分或某一笔画，这些形象或写实或夸张。将文字的局部替换，使文字的内涵外露，在形象和感官上都增加了一定的艺术感染力，如图4.1所示。

图4.1 替代法

2. 尖角法

把字的角变成直尖、弯尖、斜尖、卷尖，可以是竖的角，也可以是横的角，文字看起来会比较硬朗，如图4.2所示。

图4.2 尖角法

3. 断肢法

把一些封合包围的字适当断开一口出来，或把左边断一截，或右边去一截。需要注意的是，要在能识别的情况下适当断肢，从而反映其与众不同的特点来，如图4.3所示。

图4.3　断肢法

4. 错落摆放法

把左右改为左上左下、上下排，或斜排，就是一边高一边低，让文字错落有致排列，如图4.4所示。

图4.4　错落摆放法

5. 方正法

把所有字的弯改成横平竖直、四四方方。特点是简洁鲜明，便于设计，对熟悉字体结构有很好的帮助，如图 4.5 所示。

图4.5　方正法

6. 横细竖粗法

横细竖粗法可以说是替代法的一种，它是把竖线、横线或折线换成其他相反交替而成。笔画简化，在字体中加入个人情感和生活，根据需要的创意方向，设计出合适自己的字体，如图 4.6 所示。

图4.6　横细竖粗法

7. 随意手写

原笔迹的手写体总给人以亲切的感觉，"那些年"追忆的正是校园时期的青春岁月，手写字每一笔都不可复制，每一划都触景生情，如图 4.7 所示。

图4.7 随意手写

4.1.1 字体设计应用领域

字体设计应用范围广泛，比如广告设计、影视海报、网页、公司商标、书籍、报纸、杂志、各类印刷品等，都需要字体设计。

4.1.2 字体设计的要求与原则

1．文字的适合性

信息传播是文字设计的一大功能，也是最基本的功能。文字设计重要的一点在于要服从表述主题的要求，要与其内容吻合一致，不能相互脱离，更不能相互冲突，破坏了文字的诉求效果。尤其在商品广告的文字设计上，更应该注意任何一条标题、一个字体标志、一个商品品牌都是有其自身内涵的，将它正确无误地传达给消费者，是文字设计的目的，否则将失去了它的功能。抽象的笔画通过设计后所形成的文字形式，往往具有明确的倾向，这一文字的形式与传达内容是一致的。如生产女性用品的企业，其广告的文字必须具有柔美秀丽的风采，手工艺品广告文字则多采用不同的手写文字、书法等，以体现手工艺品的艺术风格和情趣。

根据文字字体的特性和使用类型，文字的设计风格大致可以分为下列几种。

（1）秀丽柔美

字体优美清新，线条流畅，给人以华丽柔美之感，此种类型的字体，适用于女用化妆品、饰品、日常生活用品、服务业等主题，如图 4.8 所示。

（2）稳重挺拔

字体造型规整，富有力度，给人以简洁爽朗的现代感，有较强的视觉冲击力，这种个性的字体，适合于机械科技等主题，如图 4.9所示。

图4.8 秀丽柔美

图4.9 稳重挺拔

（3）活泼有趣

字体造型生动活泼，有鲜明的节奏韵律感，色彩丰富明快，给人以生机盎然的感受。这种个性的字体适用于儿童用品、运动休闲、时尚产品等主题，如图 4.10 所示。

（4）苍劲古朴

字体朴素无华，饱含古时之风韵，能带给人们一种怀旧感觉，这种个性的字体适用于传统产品、民间艺术品等主题，如图 4.11 所示。

图4.10　活泼有趣　　　　　　　　　　　　图4.11　苍劲古朴

2. 文字的可识性

文字的主要功能是在视觉传达中向消费大众传达信息，而要达到此目的必须考虑文字的整体诉求效果，给人以清晰的视觉印象。因此在设计时要避免繁杂零乱，减去不必要的装饰变化，字体的字形和结构也必须清晰，不能随意变动字形结构、增减笔画等。如果在设计中不去遵守这一准则，单纯追求视觉效果，必定失去文字的基本功能。所以在进行文字设计时，不管如何发挥，都应以易于识别为宗旨，这也是对字形做较大的变化常常应用于较少字数的原因，如图 4.12 所示。

3. 文字的视觉美感

文字在视觉传达中，作为画面的形象要素之一，具有传达感情的功能，因而它必须具有视觉上的美感，能够给人以美的感受。在文字设计中，美不仅仅体现在局部，而是对笔形、结构以及整个设计的把握。文字是由横、竖、点和圆弧等线条组合成的形态，在结构的安排和线条的搭配上，怎样协调笔画与笔画、字与字之间的关系，强调节奏与韵律，创造出更富表现力和感染力的设计，把内容准确、鲜明地传达给观众，是文字设计的重要课题。优秀的字体设计能让人过目不忘，既起着传递信息的功效，又能达到视觉审美的目的。相反，字型设计丑陋粗俗、组合零乱的文字，使人看后心里感到不愉快，视觉上也难以产生美感，如图 4.13 所示。

图4.12　清晰的字形　　　　　　　　　图4.13　文字的视觉美感

4. 文字设计的个性

根据广告主题的要求，极力突出文字设计的个性色彩，创造与众不同的独具特色的字体，给人以别开生面的视觉感受，将有利于企业和产品良好形象的建立。在设计时要避免与已有的一些设计作品的字体相同或相似，更不能有意模仿或抄袭。在设计特定字体时，一定要从字的形态特征与组合编排上进行探求，不断修改，反复琢磨，这样才能创造富有个性的文字，使其外部形态和设计格调都能唤起人们的审美愉悦感受，如图 4.14 所示。

5. 整体风格的统一

在进行设计时必须对字体做出统一的形态规范，这是字体设计最重要的准则。文字在组合时，只有在字的外部形态上具有了鲜明的统一感，才能在视觉传达上保证字体的可认性和注目度，从而清晰准确地表达文字的含义。如在字体设计时对笔画的装饰变化必须以统一的变化来处理。如图 4.15 所示。不能在一组字中每个字的笔画变化都不同、各自为政，否则必将破坏文字的整体美感，让人感觉杂乱无章，不成体系，难以收到良好的传达效果。

图4.14　个性的展现　　　　　　　　　　　图4.15　统一风格

6. 笔画的统一

字体笔画的粗细要有一定的规格和比例，在进行文字设计时，同一字内和不同字间的相同笔画的粗细、形式应该统一，不能使字体因变化过多而丧失了整体的均齐感，使人在视觉上感到不舒服。

字体笔画的粗细是构成字体整齐均衡的一个重要因素，也是使字体在统一与变化中产生美感的必要条件，初学文字设计只有认真掌握这条准则，才能从根本上保证文字设计取得成功。

字体笔画的粗细一致与字体大小的一致一样，不是绝对的，因为其中尚有一个视觉修正问题。例如汉字中的全包围结构的字，就不能绝对四边顶格，否则会感到它比周围其他的字大，若往里适当地收一下，在视觉上就会与周围的字感到一样大小了。一组字中，横笔画多的字，要做必要的笔画粗细的调整才会均齐美观，与其他字统一，如图 4.16 所示。

7. 方向的统一

方向的统一在字体设计中有两层含义。

（1）指字体自身的斜笔画处理，每个字的斜笔画都要处理成统一的斜度，不论是向左或向右斜的笔画都要以一定的倾斜度来统一，以加强其统一的整体感。

（2）为了造成一组字体的动感，往往将一组字体统一有方向性地斜置处理。在做这种设计时，首先要使一组字中的每一个字都按同一方向倾斜，以形成流畅的线条；其次是对每个字中的副笔画处理时，也要尽可能地使其斜度一致，这样才能在变化中保持同一的因素，增强其整体的统一感。而不致因变化不统一，显得零乱而松散，缺乏均齐统一的美感，难以产生良好的视觉吸引力，如图 4.17 所示。

图4.16　笔画统一　　　　　　　　　　　图4.17　方向统一

8. 空间的统一

字体的统一不能仅看到其形式、笔画粗细、斜度的一致，统一产生的美感往往还需要字体笔画空隙的均衡来决定，也就是要对笔画中的空间做均衡的分配，才能造成字体的统一感。文字有简繁，笔画有多少之分，但均需注意一组字字距空间的大小在视觉上的统一，不能以绝对空间相等来处理。笔画少的字内部空间大，在设计时应注意要适当缩小，才能与其他笔画多的字达到统一。空间的统一是保持字体紧凑、有力、形态美观的重要因素，如图 4.18 所示。

图4.18 空间统一

4.2 本章重要知识点

4.2.1 基础知识

本章案例涉及 Photoshop 软件中圆角、对称、倾斜、等距分布、交叉减法、字体的轮廓化描边等基础知识的学习。

1. 文字的基本设计方法

文字的基本设计方法包括对称、描边、倾斜等，可以尽可能地保证文字的可阅读性，可以保证整体版面的整齐与干净度，从而使人一目了然。

【案例 1】"狂暴飞车"字体对称设计方法

本案例 3D 文字教程中，文字用到了对称、描边、倾斜的方法设计。文字非常酷炫，无论是做电影文字还是游戏文字都特别有吸引力。

操作步骤

（1）新建黑色画布，用画笔工具在中心用"#a41602"颜色画出下面的形状，如图 4.19 所示。

（2）加入火焰素材，如图 4.20 火焰图层所示。

狂暴飞车

图4.19 背景图层

图4.20 火焰图层

（3）用画笔工具画出尾焰，用图层蒙版隐藏多余部分，图层透明度设置为31%，混合模式为"滤色"，如图 4.21 所示。

（4）制作本案例文字用到了倾斜的方法，首先选择"汉仪菱心简体"输入文字，之后用变换工具，利用组合键 Ctrl+T 把文字倾斜，使文字更加生动，如图 4.22 文字倾斜效果所示。

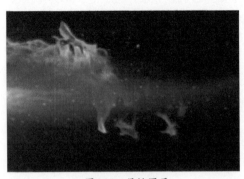

图4.21　尾焰图层

图4.22　文字倾斜效果

（5）为了让文字更加清晰和立体，用图层样式给文字添加轮廓描边、内发光、光泽、渐变等。添加"描边"大小：1px，位置：外部，填充类型：渐变；"内发光"混合模式：正片叠底，不透明度：54%，方法：柔和；"光泽"混合模式：叠加，不透明度：100%，距离 6px，大小 24px；"颜色叠加"混合模式：柔光，颜色：#d9a643；"渐变叠加"混合模式：正常，不透明度：100%；"投影"混合模式：正片叠底，不透明度：75%，角度：−60；图层样式的详细参数请参考图 4.23，渐变颜色可以让文字和火焰素材相融合。

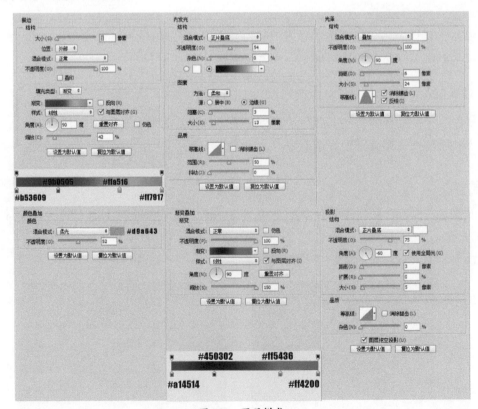

图4.23　图层样式

（6）复制文字图层 20 次，用组合键 ALT+ ↑制作立体效果，制作完成打组，如图 4.24 所示。

图4.24　立体效果

（7）为了让文字描边更具有金属质感，顶层文字图层重新添加图层样式"描边"大小：8px，位置：外部，混合模式：正常，填充类型：渐变，描边渐变颜色选择金属质感的类型；"内阴影"混合模式：正片叠底，不透明度：100%，角度：−60；"内发光"混合模式：正常，颜色选择渐变色从"#edf7f7"渐变到透明；"颜色叠加"混合模式正常，颜色黑色；"投影"混合模式：正片叠底，颜色白色，透明度 75%，角度 −60；图层样式详细参数请参考图 4.25。

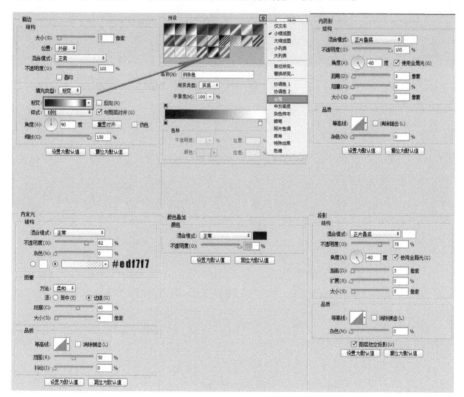

图4.25　图层样式

（8）制作文字阴影，用到了对称的方法，把打组的文字组，复制一组，对其进行变形→垂直翻转操作，并移动位置到文字正下方，阴影和文字对称，大小相同，给阴影组添加图层蒙版，在图层蒙版做黑白渐变，让阴影有消失的效果，把文字阴影组的透明度改为 60%，让阴影更真实，如图 4.26 所示。

（9）新建纯黑图层，混合模式为"滤色"，转为智能对象，单击"菜单"按钮，滤镜→渲染→镜头光晕，添加镜头光晕，如图 4.27 所示。

图4.26 文字阴影   图4.27 光晕图层

（10）添加光晕素材，如图 4.28 所示。

（11）最终完成效果，如图 4.29 所示。

图4.28 光晕素材   图4.29 最终效果

2. 文字的"等距排列"字体设计方法

为了避免文字设计过程中出现的大小不一、分布不均、笔画不均等问题，我们可以统一应用笔画、倾斜等规则，做笔画的删减和间距调整，即调节每个字的笔画分布和重心均衡，从而使整体字体有一个贯穿始终的规则。

【案例 2】"等距排列"字体等距排列设计方法

本案例用到了等距排列的知识点，利用菜单中的"水平居中分布"，让文字有错落排列的时尚感，又不会显得凌乱。

（1）建立 2 个背景层，一个是纯黑，一个是纯白色，如图 4.30 所示。

（2）隐藏黑、白背景层，输入文字。一字一层方便排列位置，如图 4.31 所示。

等距排列

图4.30 背景层   图4.31 文字图层

（3）这一步用到了等距排列的知识点，首先选择所需等距排列的图层，本案例中选择 4 个文字图层，用 Ctrl 加鼠标左键，进行多选图层。本案例需要水平等距分布，上下不考虑，所以单击菜单栏的"水平居中分布"，如图 4.32 所示。

（4）选择文字图层，按组合键 Ctrl+G 给文字图层打组，隐藏文字组，按组合键 Ctrl+Shift+Alt+E 盖印图层，方便后续操作，如图 4.33 所示。

图4.32　文字排列	图4.33　盖印图层

（5）按组合键 Ctrl+J 复制盖印图层，选取复制的盖印图层文字，按 Ctrl 键的同时鼠标左键单击图层，为选区填充为白色，如图 4.34 所示。

（6）用矩形选框工具选择图像上半部分，在黑字层按 Delete 键删除选区内的所有像素，如图 4.35 所示。

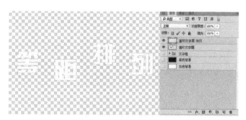
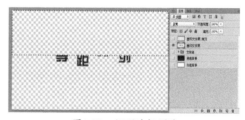

图4.34　填充复制图层	图4.35　矩形选框删除

（7）按 Ctrl+Shift+I 组合键进行反选，单击副本图层（白字层），按 Delete 键删除，如图 4.36 所示。

（8）显示黑、白背景层，用移动工具向上移动黑色图层到图 4.37 所示位置，可以放大具体位置，键盘上下键进行微调。

图4.36　反选删除图层	图4.37　最终效果

3. 文字的"圆角"字体设计方法

"圆角"字体一般应用在较为俏皮可爱或者专为儿童设计的字体上面。设计中可以把横中间拉成圆弧，角也用圆处理，最后再加上色彩的搭配，才可以做出完美的效果。

果冻

【案例3】"果冻"字体圆角设计方法

本案例用到了圆角的知识点，为了让字形和内容吻合，用到圆角字体"方正粗圆"体，之后把文字复制一层，分别给文字图层添加不同的图层样式，让文字和背景及内容更好融合。

（1）新建画布，新建图层，双击打开图层样式，选择渐变叠加，颜色数值已给出，如图4.38所示。然后导入背景图，图层模式改为"柔光"，不透明度40%，把两个图层建立新组，命名为"背景"。

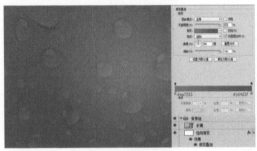

图4.38 背景图层

图4.39 文字字体

（2）制作文字，画布上打出文字，为了实现圆角效果，字体选择为"方正粗圆"，让文字字形和内容符合，如图4.39所示。

（3）将此文字图层复制一层，命名为"果冻2"，需要对两个图层分别进行不同的图层样式设置，首先设置上面一层文字图层的图层样式，"斜面与浮雕"样式：内斜面，方法：平滑，深度：83%；"等高线"范围：61%；"内发光"混合模式：叠加，不透明度：75%；"渐变叠加"混合模式：正常，不透明度：100%；"投影"混合模式：正片叠底；图层样式详细参数请参考图4.40。

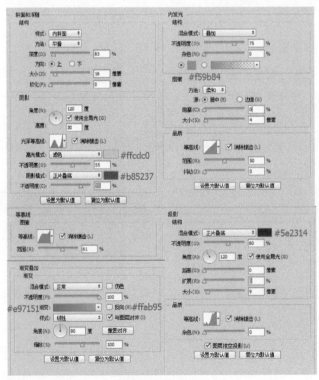

图4.40 图层样式

（4）设置"果冻 2"图层的图层样式，"斜面和浮雕"样式：内斜面，方法：雕刻清晰，深度：837%，大小：10px；"等高线"范围：34%；"描边"大小：5px，位置：内部，混合模式：正常，不透明度：100%；"光泽"混合模式：叠加，不透明度：50%；"图案叠加"混合模式：柔光，不透明度：100%，图案选择气泡图案；"投影"混合模式：正片叠底，不透明度：75%；图层详细参数请参考图 4.41。

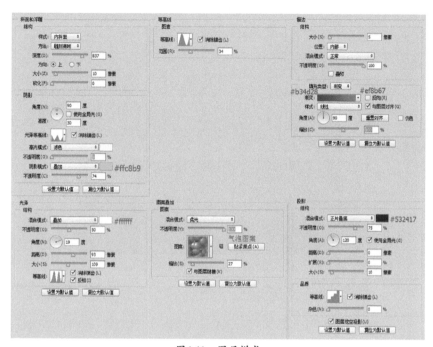

图4.41　图层样式

（5）最终效果如图 4.42 所示。

图4.42　最终效果

4.2.2　字体设计技巧

（1）字体变形中应该注意的问题：可阅读性、识别能力、肩胛结构、应用环境。

（2）掌握字体的肩胛结构，避免大小不一、分布不均、笔画不均等问题。

4.3 字体设计案例

4.3.1 游戏字体设计

游戏字体设计是对文字的字形、结构、笔画的造型规律、视觉规律和书写表现的研究，它以信息传播为主要功能，将视觉要素的构成作为主要手段，创造出具有鲜明的视觉个性的文字形象。以下 3 个案例将从文字的字形、结构、笔画等方面进行练习。

【案例 1】"三国时代"游戏字体设计

此款字体的效果也是游戏中常见的效果之一，同时此款字体的效果和样式也比较适合在游戏 Logo 中应用。在游戏中的字体不宜过小，为了方便添加效果，字体的笔画大多都是略微粗一些，即使不做字型，加上合适的效果也是很不错的。最终效果如图 4.43 所示。

图4.43　最终效果展示

以游戏背景出发，设计一款质感比较强烈的字体，把关于三国的元素融入到其中。提取青龙偃月刀的形状素材应用到每个字体中，颜色采用黄色略带红色的一个渐变，同时在设计中，这两种颜色也是应用相对较多的。

根据构思选择青龙偃月刀，以此刀的素材作为参考，然后分析进行笔画提取尝试，操作方法同样是利用 Photoshop 制作完成，虽然没有 Illustrator 快捷，但是对于只会用 Photoshop 的人来说还是很实用的。

根据素材分析如图 4.44 所示，刀的顶端是比较尖锐的，刀身则是一个大弧形，据此绘制基本笔画。

操作步骤

（1）通过调整尝试，确定了最后的笔画，然后设定笔画的大小。根据分析以及考虑到字体的识别性问题，此处采用的是横笔较细，而竖笔则采用类似于刀剑的形状。笔画间距自行把控，确定了大概的笔画，在制作的过程中，笔画之间的衔接则需要随时调整。制作好的基本字型如图 4.45 所示。

三国时代 01

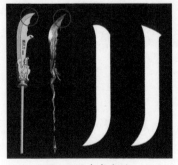

图4.44　参考素材

图4.45　字体笔画调整

（2）效果制作利用图层样式，根据红黄颜色调整不同的样式以达到想要的效果。把字体图层合并成一个矢量图层，添加"图案叠加"效果，方法有很多种，本例用图案叠加的方法，图案可以尽量选用金属质感类的，如图 4.46 所示。

（3）字体默认颜色是白色，选择一个岩石类型的纹理，混合模式选择"正片叠底"，方便其他效果的添加，字体效果如图 4.47 所示。

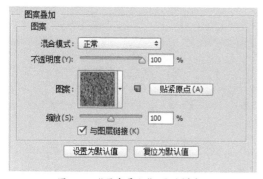

图4.46 "图案叠加"图层样式

图4.47 "图案叠加"效果

（4）选择"渐变叠加"，颜色选择黄色和棕色，混合模式为"叠加"，如图 4.48 所示。

（5）渐变效果是为了让字体从上到下实现明暗对比，模式可以自行尝试，此处选择了一个比较合适的叠加效果，角度90°的时候把反向去掉，-90°的时候则要勾选反向。效果如图 4.49 所示。

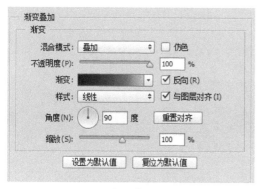

图4.48 "渐变叠加"图层样式

图4.49 "渐变叠加"效果

（6）添加"颜色叠加"效果，颜色选择为黄色，混合模式同样是"叠加"，如图 4.50 所示。

（7）添加渐变之后由于颜色太浅，所以选择颜色叠加让颜色更加明显，基本凸显出黄色过渡到红色的渐变。效果如图 4.51 所示。

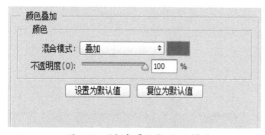

图4.50 "颜色叠加"图层样式

图4.51 "颜色叠加"效果

（8）添加"光泽"效果，颜色选择黄色，混合模式为"叠加"，其他参数可以自行尝试，如图 4.52 所示。

（9）添加光泽是为了让渐变过渡更自然，同时也为了增加颜色的饱和度和亮度，让黄色更多一些。效果如图 4.53 所示。

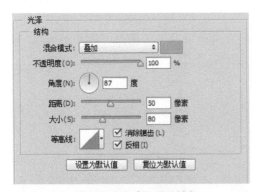

图4.52　"光泽"图层样式　　　　　　　　图4.53　"光泽"效果

（10）添加"内阴影"，颜色为黄色，角度为 –90°，参数如图 4.54 所示。

（11）添加内阴影是为了让底部有一个高光的效果，同时调整杂色参数让效果更加统一具有纹理。效果如图 4.55 所示。

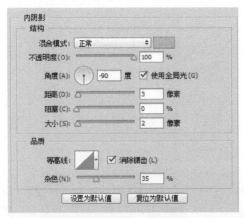

图4.54　"内阴影"图层样式　　　　　　　图4.55　"内阴影"效果

（12）添加"描边"效果，选择渐变，其他参数如图 4.56 所示。

（13）加渐变描边是为了让边缘更加具有质感，有一个明暗的过渡，颜色选择的时候建议一深一浅，有规律的可多添加，添加效果之后，效果尚可，但是缺少一种立体感。效果如图 4.57 所示。

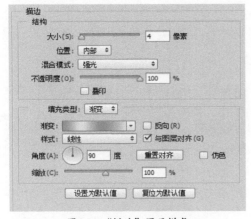

图4.56　"描边"图层样式　　　　　　　　图4.57　"描边"效果

（14）加"斜面与浮雕"效果，深度调整得大一些，角度把握好，其他参数如图4.58所示。

（15）在增加立体效果的同时设置浮雕的阴影模式让之前的内阴影效果略小一点，显得更加精致，效果如图4.59所示。

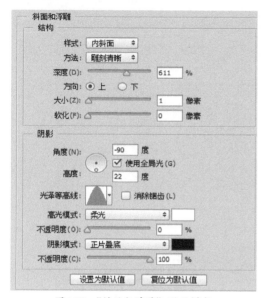

图4.58　"斜面与浮雕"图层样式

图4.59　"斜面与浮雕"效果

（16）第一层的效果基本完成，下面制作立体的效果，方法与"案例1"一致，有很多方法可以实现，选择自己最熟悉的方法即可。先复制一个字体图层，然后向下移动1px，反复操作5~6次即可，合并矢量图层字体，再添加不同的效果，样式如图4.60所示，效果如图4.61所示。

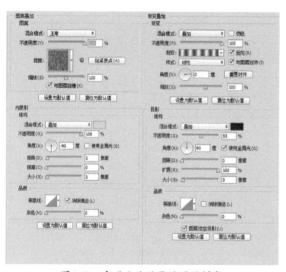

图4.60　实现立体效果的图层样式

三国时代02

图4.61　立体效果

（17）制作底层立体效果，复制字体图层，然后添加"图案叠加"和"渐变叠加"，图案选择"墙面纹理"类型，然后添加灰色的渐变，调整参数，步骤参数如图4.62所示。

（18）添加两层"颜色叠加"，选择不同的模式，颜色选择深灰色，使其更接近想要的墙面灰色，效果如图4.63所示。

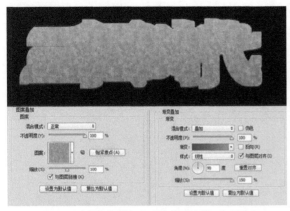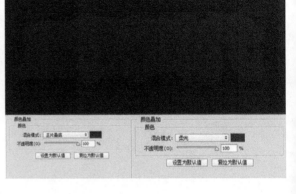

图4.62 "图案叠加"和"渐变叠加"图层样式　　　　图4.63 "颜色叠加"图层样式

（19）分别添加"内发光"和"内阴影"效果，添加这两个效果主要是针对边缘的处理，让边缘看起来有质感，如图 4.64 所示。

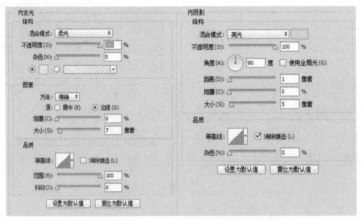

图4.64 "内发光"和"内阴影"图层样式

（20）最后添加"斜面浮雕"和"投影"，添加浮雕效果是为了让边缘的质感和立体感更加强烈，注意调整深度和等高线，主要是针对立体效果的调整，如图 4.65 所示。

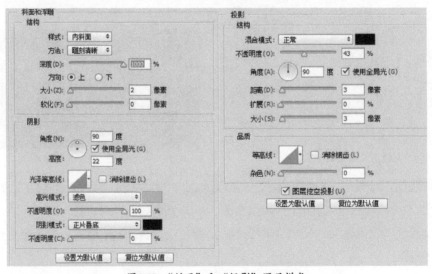

图4.65 "斜面"和"投影"图层样式

（21）效果基本形成，然后复制该图层，同时把复制的图层向下移动 5~10px，调整图层样式制作立体效果，如图 4.66 所示。

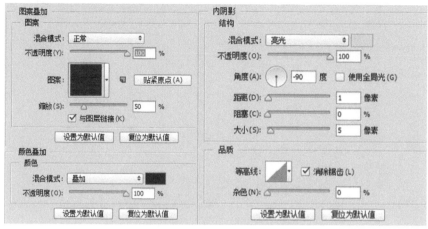

图4.66 "图案叠加"和"内阴影"图层样式

（22）为该图层添加三个图层样式，图案还是选择质感纹理类型的，颜色尽量深些，内阴影是让底部的边缘有反光的效果，效果如图 4.67 所示，最终效果如图 4.68 所示。

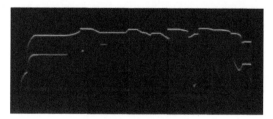

图4.67 底部立体效果

图4.68 最终效果

【案例2】"仙剑"游戏字体设计

墨迹字体会常常出现在与传统民族等元素挂钩的设计中，本案例来讲解设计流程。根据不同的需要，制作的步骤可以随机来删减，如图 4.69 所示为最终效果。

图4.69 最终效果展示

操作步骤

"仙剑"游戏
字体设计

（1）墨迹效果需要撕裂的笔触和纹理的笔刷，如喷溅水滴笔刷是必不可少，如图 4.70 所示。

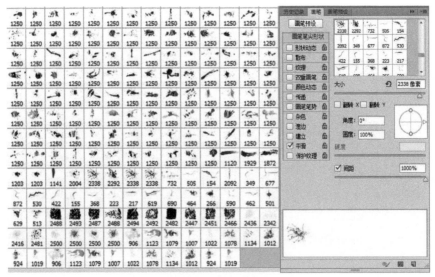

图4.70　笔触素材

（2）打开文字工具，在里面选一个类似古风的字体，本案例用"叶根友毛笔行书"字体，如图 4.71 所示。

（3）打出的字，放大到幅面所需，然后将它转化为形状，如图 4.72 所示。

图4.71　所选字体

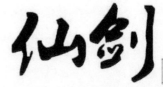
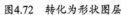

图4.72　转化为形状图层

（4）利用钢笔工具来进行一些调整，如图 4.73 所示。

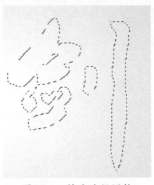

图4.73　转为路径调整

（5）本案例墨迹处理有两个部分，第一部分，把原始字体用笔刷结合蒙版做出类似纹理。第二部分，在它上面来添加墨迹，最后整体体现出来。图层放置如图 4.74 所示。

（6）类似"毛笔"笔触的画笔如图 4.75 所示。

（7）可以把间距拉到能看到单独的笔刷，然后，不断旋转角度来契合你要擦拭的字体边缘，如图 4.76 所示。

图4.74 墨迹处理　　　　图4.75 选择笔触　　　　图4.76 笔触属性调整

（8）用不同的透明度和流量来反复来回擦拭，如图 4.77 所示。

（9）字体成型效果如图 4.78 所示。

图4.77 透明度调整　　　　　　　　　　　图4.78 字体成型

（10）选择墨迹类笔刷来添加一些元素，如图 4.79 所示。

（11）其他的一些元素可以通过变形来强制贴合。本案例"墨迹"图层的单独显示，如图 4.80 所示。

图4.79 墨迹笔触　　　　　　　　　图4.80 字体添加墨迹效果

（12）打开烟雾绘制软件 Flame Painter 1.2 来绘制一些类似烟雾的装饰元素，如图 4.81 所示。

（13）将烟雾放进图层装饰，添加在字体图层下面，最终效果如图 4.82 所示。

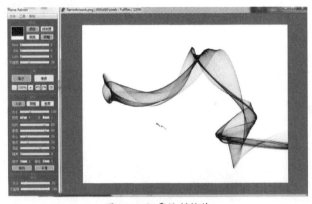

图4.81 烟雾绘制软件

图4.82 最终效果

① 墨迹字体的制作比较简单，注意一些素材的积累。例如一些墨迹笔刷以及墨迹图片素材。本案例的笔刷可以利用该类图片素材来代替，也可利用该类素材来制作笔刷。

② 墨迹字体属于装饰字体，同类的方法可以用在其他的图片上处理，比如人像的艺术化处理等。

③ 根据个人的实际要求来简化一些步骤，做出自己想要的效果即可。

4.3.2 包装字体设计

包装字体的形式多种多样，其变化形式主要有外形变化、笔画变化、结构变化、形象变化等多种。针对不同的内容应做有效的选择。以下的几个案例将从字体应用良好的可读性，又不失艺术风味的方面来讲解。

【案例1】"极限挑战"包装字体设计

本案例主要使用 Photoshop 设计海报中常用的中国风毛笔字案例，案例主要使用笔融笔刷工具来完成，效果如图 4.83 所示。

图4.83 最终效果展示

操作步骤

（1）新建一个 1200×1200 像素的空白文档，如图 4.84 所示。

（2）选择文字工具输入内容"极限挑战"，字体为"禹卫书法行书简体"，大

"极限挑战"
包装字体设计

小 280px，4 个字均各独立一个文字图层并且独立分组，如图 4.85 所示。

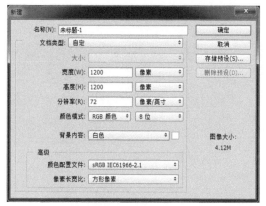

图4.84 画布大小

图4.85 选择字体

（3）用毛笔素材，选择合适的素材作为笔锋，将笔锋与文字融合起来，效果如图 4.86 所示。

（4）用合适的笔锋素材，在合成的时候通过变形、删减部分，从而得到不同的效果，尽量不要用同一个素材同一个大小同一个角度的笔锋，如图 4.87 所示。

图4.86 笔触素材　　　　　　　　　　　　图4.87 文字和笔触结合

（5）注意笔画的走向，多调整一下笔锋大小、位置、角度。有时候原先的字体一部分并不想要，例如，选中"极"字图层添加图层蒙版，选择画笔工具前景色为黑色，硬度 100%，隐藏不想要的部分，但不要破坏字体结构，如图 4.88 所示。如果笔锋素材也有不需要的部分，同样擦去。四个字全部做好。每个字的笔锋素材都要放在对应文字的分组里，后续还要移动加效果。笔锋素材在调整大小前都转为智能对象，避免失真。

（6）制作背景。填充背景为黑色，导入"折痕"素材，如图 4.89 所示，不透明度为 30%，图层混合模式为"明度"。建立图层蒙版，用渐变工具，前景色白色，背景色黑色，用"径向渐变"拉一个渐变。

图4.88 文字初成

图4.89 添加背景

（7）在背景素材的上方，分别画出矩形和 X 标志（可以用文字的字体写一个 X 及英文）颜色为 50% 灰，不透明度为 25%，如图 4.90 所示。

（8）给毛笔字加上效果。导入"花岗岩"素材，如图 4.91 所示。

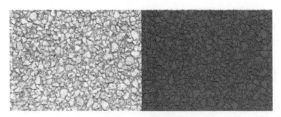

图4.90　背景制作　　　　　　　　　　　　　　　图4.91　文字纹理

（9）新建一个图层，填充颜色为"D61C3B"，把红色图层放置花岗岩图层之上，把红色图层的混合模式改为"叠加"，之后合并两个图层。把合并的"红色花岗岩"图层放在文字图层上，创建剪切蒙版，如图4.92所示。

图4.92　文字添加纹理

（10）选择"极"字图层组，加投影效果，其他文字组添加同样的图层样式效果，如图4.93所示。

图4.93　文字投影

（11）添加完整背景，如图4.94所示。

（12）分别复制"极限"和"挑战"两组，调整位置。"极限"往左下移动，"挑战"往右下移动，总共三层，复制的图层加同样的阴影，如图4.95所示。

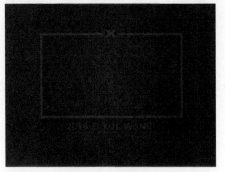

图4.94　完整背景　　　　　　　　　　　　　　　图4.95　文字组添加投影

（13）最终效果如图 4.96 所示。

图4.96　最终效果

【案例 2】"圣诞 HAPPY" 包装字体设计

文字共分为三个部分：主体、积雪、阴影。主体部分直接用图层样式来完成；积雪部分先做出路径，填色后用图层样式做出浮雕效果；阴影部分需要调出文字选区，添加投影效果，并用模糊滤镜适当模糊，最终效果展示如图 4.97 所示。

图4.97　最终效果展示

操作步骤

（1）搭建背景，新建 1920×1080 像素的画布，导入一张墙壁的背景图素材，如图 4.98 所示。

（2）对墙壁素材进行一些简单的调色，使用色彩平衡调整工具，如图 4.99 所示。

"圣诞HAPPY"
包装字体设计 01

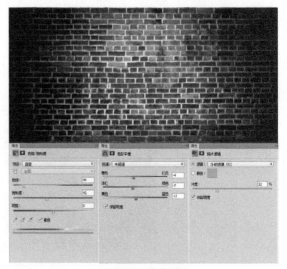

图4.98 背景素材　　　　　　　　　　　　　　图4.99 背景调整

（3）加深四边的墙角，在下方加一个红色渐变，加亮中间区域的亮度，如图 4.100 所示。

（4）分析字效的组成部分，将整个字效拆分开，共由三部分组成："积雪层""主体层""阴影层"，如图 4.101 所示。

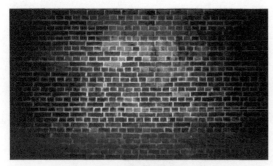

图4.100 背景调整　　　　　　　　　　　　　图4.101 效果分析

（5）在画布上打上文字，本例字体为"方正综艺简体"，然后双击打开图层样式进行修改，如图 4.102 所示。

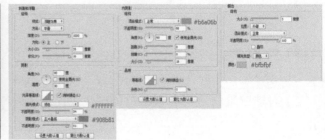

图4.102 文字字体

（6）文字的下方有底座，具体操作为复制一层文字层放到文字层下面，调出文字选区，然后选择菜单：选择→修改→扩展，可以等比例扩大文字选区，数值为 8px，如图 4.103 所示。

（7）然后为这个选区填充白色，打开图层样式做一些设置，如图 4.104 所示。

图4.103 文字底座

图4.104 填充效果

（8）阴影制作，在上一步的"底座"图层，再次添加一个投影，如图 4.105 所示。

（9）积雪层的制作，先用钢笔工具把形状勾勒出来，然后再添加图层样式即可，如图 4.106 所示。

图4.105 文字投影

图4.106 积雪层制作

（10）添加圣诞元素，可以使整体作品变得生动，如图 4.107 所示。

（11）彩灯的制作，钢笔路径勾出电线，导入灯泡素材，然后使用色相/饱和度工具分别调成不同的颜色，如图 4.108 所示。

图4.107 添加圣诞素材

"圣诞HAPPY"
包装字体设计 02

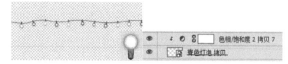

图4.108 彩灯制作

（12）近处的东西注意要做适当的虚化处理，营造出一种空间感，如图 4.109 所示。

（13）使用柔角画笔工具，颜色数值"#ffefc6"，在文字的边缘以及物品周围涂一层高光，将此层的图层模式改为"滤色"，并适当降低不透明度，也可以结合高光素材添加，如图 4.110 所示。

图4.109　远近虚化

图4.110　添加亮光效果

（14）调整整体颜色，调色的方法不止一种，本案例使用了曲线和颜色查找，如图 4.111 所示。

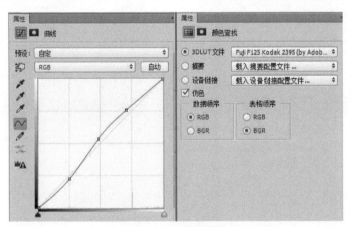

图4.111　整体调色

（15）雪景的制作用画笔工具，对画笔工具进行设置，如拉大间距，散布，设置形状动态中的大小抖动，在画布上刷上一层，再使用高斯模糊工具做出正下雪的感觉，如图 4.112 所示。

（16）最后再锐化一下，最终效果如图 4.113 所示。

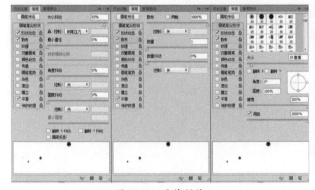

图4.112　雪花制作

图4.113　最终锐化效果

4.3.3 影视字体设计

影视字体是传达电影信息的重要载体，经过艺术化设计以后，可使文字形象变得情境化、视觉化，强化了语言效果，对视觉有表现力的同时又具备独特的艺术魅力。以下案例将对这些方面进行详细讲解。

【案例 1】"长征" 影视字体设计

最终效果展示如图 4.114 所示。所使用的素材如图 4.115 所示。

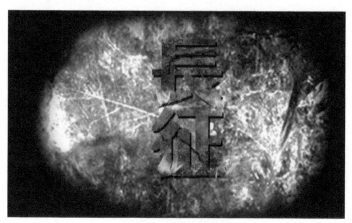

图4.114　最终效果展示

图4.115　素材

操作步骤

（1）将棋又称"日本象棋"，以将棋的形状特征进行提取作为笔画使用，将棋的特征演变，也是一个很细小的变化，前端很尖，将特征结合字形，完成字形。如图 4.116 所示。

"长征"影视
字体设计

（2）导入钢铁背景素材，如图 4.117 所示，把钢铁素材置入文字图层上，在文字图层上创建剪切蒙版，双击图层，用图层样式制造出投影效果。

图4.116　文字变换部分

图4.117　文字纹理

（3）再复制一层钢铁素材，置入在字形的最上面，创建剪切蒙版，素材颜色偏暗所以混合模式用"变亮",如图 4.118 所示。

（4）用水泥墙背景素材，如图 4.119 所示，尽可能有裂缝的背景，提取出裂痕置入字形中（只要叠加即可），图层混合模式改为"深色"，凸显出更多的细节。

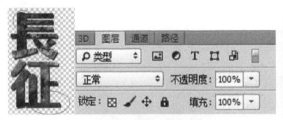

图4.118　文字纹理添加

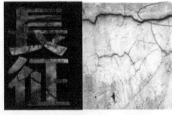

图4.119　裂痕纹理

（5）用岩浆素材，在裂痕图层上创建剪切蒙版，图层混合模式更改为"浅色"，得到火花效果，使效果更强烈，可多复制几层，并适当移动一些位置，使火花显得更加丰富。若想让颜色更红一些，可以把复制出来的素材选几张图层混合模式改为"色相"，如图 4.120所示效果。

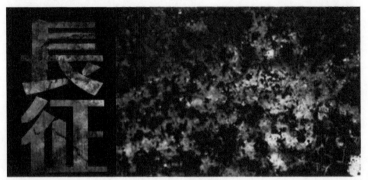

图4.120　岩浆纹理

（6）给字体添加上背景，用破旧的钢铁素材，导入作为背景，如图 4.121 所示。

（7）选择"画笔"工具，硬度设置为"0"，对背景边缘进行涂抹，注意颜色是黑色，如图 4.122 所示。

（8）用火焰素材，如图 4.123 所示。

（9）将素材叠在字形上面，图层混合模式改为"滤色"或者"变亮"，如图 4.124 所示。

图4.121　背景素材

图4.122　背景暗角

图4.123　火焰素材

图4.124　素材叠加

（10）图层模式更改后，为素材图层添加图层蒙版，并用"橡皮擦"工具擦拭多余的部分，如图 4.125 所示。

（11）制造出血迹效果，让字体更生动，用"墨迹"素材，如图 4.126所示，把颜色填充为"红色"，代替血迹，叠加在字形上，将图层混合模式改为"正片叠底"，完成设计。

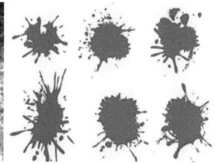

图4.125　蒙版修正效果　　　　　　　　　图4.126　添加血迹效果

（12）最终效果如图 4.127 所示。

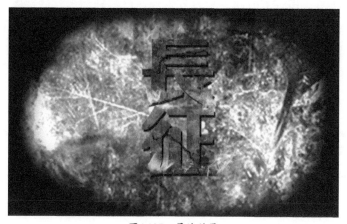

图4.127　最终效果

【案例2】"父爱永恒"影视字体设计

最终效果展示，如图 4.128 所示。

图4.128　最终效果展示

操作步骤

（1）选择基础字体为"汉仪凌心体"，把"恒"字稍微形象化一点，让其他

"父爱永恒"
影视字体设计

几个字也变化一下符合主题，如图 4.129 所示。

（2）右键单击字体图层，选择"转换为形状"，为保证字体在变换和调整的过程中不受损坏，让字体图层变成矢量图层，如图 4.130 所示。

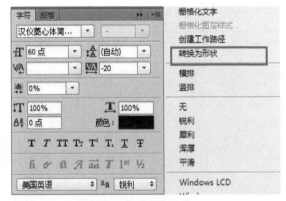

图4.129　文字选择　　　　　　　　　　图4.130　转换形状图层

（3）切换到钢笔工具，按住 Ctrl 键，鼠标左键单击已经转为形状的字体边缘（对单个字体逐个单击然后调整）激活锚点，对已经确认好的笔画进行调整，按住 Shift 等比调整锚点，避免出现弧线和偏差，Alt 键可以删减或添加锚点，调整的时候尽可能使用参考线的辅助，如图 4.131 所示。

（4）选择整个字体的所有锚点（按住 Ctrl ＋鼠标左键也可以全选锚点），然后用 Ctrl+T 组合键可调整字体之间的间距，其他字体效果展示如图 4.132 所示。

图4.131　用钢笔工具调整　　　　　　　　图4.132　调整文字

（5）双击图层，右键调出图层样式—选择斜面浮雕—调整参数，如图 4.133 所示。

（6）参数只是一个参考，可以根据在实际的应用当中调整参数。选择文字纹理素材，如图 4.134 所示。

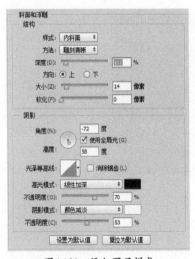

图4.133　添加图层样式　　　　　　　　图4.134　选择素材

（7）金色纹理素材选择样式为叠加，字体选择金色，如图 4.135 所示。

（8）金色纹理素材在文字图层上创建剪切蒙版，创建倒影复制一份文字图层，用 Ctrl+T 组合键变换图层翻转文字，如图 4.136 所示。

图4.135　文字纹理添加

图4.136　倒影制作

（9）给倒影图层添加图层蒙版，在蒙版上画一个由"黑"到"白"的渐变，如图 4.137 所示。

（10）最后用镜头光晕的素材添加到背景图层，最终效果如图 4.138 所示。

图4.137　蒙版调整倒影

图4.138　加镜头光晕的最终效果

【案例 3】"拯救"影视字体设计

本案例主要使用 Photoshop 制作被刀剑劈开的颓废艺术字。最终效果展示如图 4.139 所示。

图4.139　最终效果展示

操作步骤

（1）输入文字，选择"方正综艺简体"，右键单击字体，选择"转换为形状"，用钢笔工具调整，如图 4.140 所示。

"拯救"影视字体设计

（2）用 Ctrl+T 组合键变形把字体倾斜，如图 4.141 所示。

图4.140 文字转换为形状图层　　　　　　　　图4.141 字体变换

（3）创建图层蒙版，用钢笔工具在蒙版画出被砍的范围，按 Ctrl 键单击钢笔路径的缩略图，就会出现选区，如图 4.142 所示。

（4）在图层蒙版里把框选的范围用画笔工具擦除，如图 4.143 所示。

（5）右键单击文字，选择栅格化图层，用多边形套索工具来选择字体碎片，再用选择工具把碎片进行错位摆放，如图 4.144 所示。

图4.142 图层蒙版勾选范围　　　图4.143 图层蒙版擦除　　　图4.144 栅格画图移动文字碎片

（6）把素材放到字体图层上面，创建剪切蒙版，添加"色相/饱和度"和"色阶"去色，如图 4.145 所示。

（7）文字图层加图层样式"斜面和浮雕"，如图 4.146 所示。

图4.145 文字添加纹理　　　　　图4.146 添加"斜面和浮雕"图层样式

（8）用渐变工具拉一个黑色渐变，图层混合模式设置正片叠底，同样创建剪切蒙版到文字图层，如图 4.147 所示。

（9）运用套索工具框起来，然后再用柔软的画笔作出光影效果。通过蒙版擦除不均匀的阴影，并创建剪切蒙版到文字图层，如图 4.148 所示。

图4.147 添加渐变图层

图4.148 添加光影图层

（10）选择裂痕素材或笔刷，用橡皮擦擦掉边缘不自然的地方，如图 4.149 所示。

（11）对裂痕图层创建剪切蒙版，取需要的部分，再调整大小、位置，如图 4.150 所示。

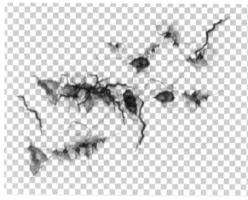

图4.149 裂痕素材

图4.150 文字添加裂痕纹理

（12）用笔刷制作碎片，用碎片笔刷在新建图层上画出碎片，之后用蒙版擦出想要的部分，如图 4.151 所示。

（13）碎片和字体颜色相同，复制墙皮素材，创建剪切蒙版，之后为了让碎片更具立体感，先把碎片图层合并，创建为智能对象，在碎片的智能对象图层上添加"径向模糊"的滤镜效果，如图 4.152 所示。

图4.151 碎片制作

图4.152 碎片模糊

（14）做中心碎片，新建图层，再用画笔划上碎片，用图层蒙版擦出想要的部位，如图 4.153 所示。

（15）用圆画笔，直径尽量大，但不要画到屏幕外面，硬度 0%，前景色为"#e61414"，根据字体的角度变形，如图 4.154 所示。

图4.153　中心碎片　　　　　　　　　图4.154　填充颜色最终效果

4.3.4　网页字体设计

网页字体设计，可以从五个环节（含意、图形、文字、形式、色彩）出发，疏而不漏，根据网站的特征和内容，为网站寻找一个恰当的视觉图形符号。通过以下几个案例进行详细说明。

【案例1】"更有质感的字"网页字体设计

最终效果如图4.155所示。

图4.155　最终效果

操作步骤

（1）图片上的文字显得有质感，文字向外伸展，不会死板地贴在网页上。模拟了大自然光照中的效果，高光部分在文字的上方，而低光在下，同时也不要忽略"阴影"。

（2）如图4.156所示的2和3，在图层面板中双击"图层名"右边的空白处，或是单击图4.157所示的第2个按钮（在图层面板下方）打开样式面板。

"更有质感的字"
网页字体设计

图4.156　制作步骤　　　　　　　　　图4.157　图层样式

（3）选择"渐变叠加"，效果如图 4.158 所示。渐变的颜色选择 2 个同色系但是有"深浅对比"的颜色。

（4）在样式面板左侧选"投影"，如图 4.159 所示。

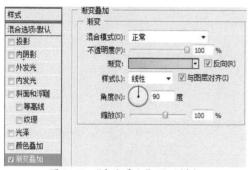
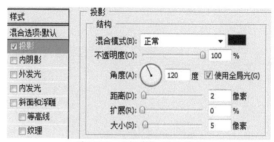

图4.158　"渐变叠加"图层样式　　　　　图4.159　"投影"图层样式

其他使用了这个方法的网站设计如图 4.160 所示。

图4.160　其他效果

【案例 2 】"凹陷的字"网页字体设计

字体效果很明显有一种凹陷在背景里的感觉，甚至文字像是刻在石头上，最终效果展示如图 4.161 所示。

制作步骤如图 4.162 所示。

图4.161　最终效果展示　　　　　　　图4.162　制作步骤

操作步骤

"凹陷的字"
网页字体设计

（1）输入文字，颜色填充为较背景更深的颜色，RGB 为"#4e3400"。

（2）添加"内阴影"样式，如图 4.163 所示。

（3）添加"斜面和浮雕"样式，如图 4.164 所示。

字体颜色选择与背景色要搭配；第 2 步内阴影设置时，"大小"与"距离"可根据文字大小来调整；添加内斜面可增强白色的光照效果。

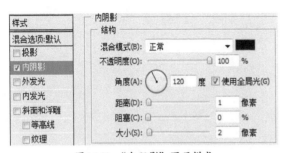
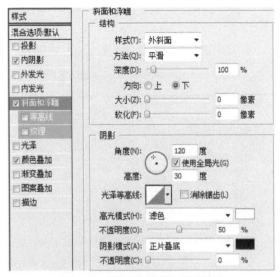

图4.163　"内阴影"图层样式　　　　图4.164　"斜面和浮雕"图层样式

使用"凹陷"效果的网站文字设计，如图 4.165 所示。

图4.165　"凹陷"

4.4　本章小结

　　本章中我们学习了字体设计的相关知识，包括字体设计基础理论以及典型的字体设计案例。好的字体设计作品都是在扎实的理论知识的指导下设计出来的，所以对本章介绍的理论知识内容，希望读者一定要深入地去领会学习。在案例设计部分，主要包括了圆角、对称、倾斜、等距分布、交叉减法、字体的轮廓化描边等方法，读者要多留意生活中各种字体设计广告，以便提高自己的欣赏力和设计能力。在平面设计如此繁杂的今天，把文字图形化运用到设计中，才能使作品具有强烈的视觉冲击力，更便于公众对设计者的作品主题的认识、理解与记忆。

4.5　习题

　　（1）制作以"春季焕新"为主题的字体设计作品，在广告的设计上要求能体现刚劲有力、效果炫酷。参考效果如图 4.166 所示。

图4.166　最终效果展示

① 设计思路

通过使用笔画替换和重塑展示出商品新一季的潮流气息。通过对文字的艺术处理体现宣传的主体和新品上市的信息。

② 涉及知识点

• 钢笔工具对笔画进行重塑。

• 通过设置图层样式颜色的混合模式融合图像。

• 复制移动图层达到立体效果。

• 用滤镜模糊制作高光图层。

（2）制作以稻草草垛纹理为主题的字体设计作品，在广告的设计上要求能体现出文字的立体效果和阴影部分，文字纹理和草垛可以融为一体，最终效果展示如图 4.167 所示。

图4.167　最终效果展示

① 设计思路

通过使用 3D 的文字方式，将草垛纹理这种元素融入字体当中，这种特有的纹理使得"稻草人儿"这款文字的风格显得非常鲜明。

② 涉及知识点

• 使用 3D 工具调整文字透视。

• 通过仿制图章工具仿制草垛纹理。

• 复制草垛阴影，移动到文字下方制作文字阴影。

• 用画笔工具添加细节。

（3）制作以瓷器为主题的文字设计颇具复古风，比如瓷器的花纹，用瓷器花纹替换文字的笔画具有较强的装饰性，文字笔画线条柔和，更具流线型，显得更生动有趣，最终效果展示如图4.168所示。

图4.168　最终效果展示

① 设计思路

通过使瓷器花纹替换笔画的方式，将文字融合到瓷器的花纹中，使得文字生动有趣。

② 涉及知识点

使用钢笔工具修改文字笔画。

通过剪切蒙版制作文字线性阴影。

使用滤镜中的镜头光晕制作高光。

用画笔做出雪花效果。

第5章

网页设计

本章概述

网页设计是现代艺术设计中具有广泛性和前沿性的新媒体艺术形式之一，属于视觉传达设计的范畴，主要包括版式设计、导航设计、色彩设计、内容设计等方面。一个优秀的网站能够给人一种吸引力，让浏览者在观赏的同时，不知不觉接受到网站传达的信息，所以网页设计在很大程度上决定着网站的成败。

网页设计在现今社会的应用十分广泛，是一个不断更新换代、推陈出新的行业，它要求设计师们必须随时把握最新的设计趋势，从而确保自己不被这个行业所淘汰。

本章学习要点

◇ 了解网页设计的基础知识
◇ 理解网页设计的原则和要求
◇ 了解网页设计的排版方法
◇ 掌握网页设计的应用

5.1 行业背景知识简介

在互联网越来越深入到生活中每一个角落的年代，网页就如同以前书本上的文字，传达着网络语言，网页中的每一条线、每一个色块、每一种版式、每一种组合都向阅读者传递着信息。

实际上网页的表现形式已是互联网至关重要的元素，这些工作都是由网页设计师来做的，是一种创造性、有成就感的工作，更是不可或缺的职业。

5.1.1 网页设计应用领域

网页设计将计算机技术的应用、视觉艺术的表现紧密结合在一起，相得益彰，从而达到技术与艺术相互融合的新高度。在互联网发展越来越迅速的现在，网页设计的应用领域非常广泛，公司、政府门户、培训机构、学校等都会拥有自己的网站。随着互联网信息越来越丰富、多样，人们对于页面的设计要求也越来越高。

5.1.2 网页设计要求与原则

（1）首先针对网页的目标用户，结合要传达的信息以及制网目标，设计出网页的架构。

（2）每页排版不要太疏或用太大的字，尽量避免用户看网页时需要做很大的卷动，在每页的上半部分是显眼而宝贵的地方，不要只放着几个粗大的字或图片。

（3）最好不要用 800×600 像素以上的分辨率设计网页。常用的分辨率是 640×480 像素及 800×600 像素。

（4）不要在每页插入太多的广告牌，广告太多易喧宾夺主，造成网页内容重点不突出。

（5）不要每页都采用不同的背景图片，以免用户每次转页都要花时间去下载，要采用相同的底色或背景图片使网页保持统一风格。

（6）底色或背景图片必须要与文字对比强烈，易于阅读，更能突出重点。

（7）合理设置导航，确保网站内容结构清晰，避免在一个页面上堆积过多内容，给浏览者造成阅读困惑。太长的一页要使用内部链接，明智的网页设计者不会让浏览者看网页时做太大的卷动。

（8）不要每页都加上不同的背景音乐或者多媒体视频等，要考虑用户网速不同，可能有加载缓慢的问题。

（9）要重视每一页网页，把每页都当成首页来制作，为各页加上公司或个人名称、联络方法，页面间设置恰当的链接，因为访客不一定都是从首页切入网站的。

（10）网页的一行或一段不要太长，特别是文字式网页。可以加上显眼的标题或适当的插图，精彩的文章亦要包装，既精彩又能留住读者才算上乘。

（11）做个网站介绍。一个简单明了的网站介绍，不仅能让浏览者快速了解网站的功能，引发共鸣或是表达制作者的诚意，而且还能使访问者能快速找到想要的东西。有效的导航条和搜索工具使人们很容易找到有用的信息，这对访问者很重要。

5.2 本章重要知识点

网页设计所涉及的主要知识点包括网页的构成、网页版式设计、网页导航设计、网页配色，广义上还可包含网页的内容设计方面。本节中主要介绍了网页构成和网页版式设计。

5.2.1 网页的构成

不同性质和类别的网站，网页的布局构成是不同的，一般页面的基本构成内容包括标题、网页、Logo、页头、页脚、导航、主体内容、广告栏等。

1. 页面尺寸

由于页面尺寸和显示器大小及分辨率有关系，网页的局限性就在于无法突破显示器的范围，而且因为浏览器也将占去不少空间，留下的范围变得越来越小。一般，分辨率在 1024×768 像素的情况下，页面的显示尺寸为 1007×600 像素；分辨率在 800×600 像素的情况下，页面的显示尺寸为 780×428 像素；分辨率在 640×480 像素的情况下，页面的显示尺寸则为 620×311 像素。

2. 整体造型

造型就是创造出来的物体形象。页面的整体形象应该是一个整体，图形与文本的接合应该层叠有序，有机统一。虽然显示器和浏览器都是矩形，但对于页面的造型，可以充分运用自然界中的其他形状以及矩形、圆形、三角形、菱形的组合等，如图 5.1 所示。

图5.1　万国手表网页

3. 页头

页头又可称之为页眉，页眉的作用是定义页面的主题。一个站点的名字多数都显示在页眉里。这样，访问者能快速了解到这个网站的主题内容。页头是整个页面设计的关键，它将涉及下面的更多设计和整个页面的协调性，如图 5.2 所示。

图5.2　页头

4. 页脚

页脚和页头相呼应。页头是放置站点主题的地方，而页脚则是放置制作者或者公司信息等版权信息的地方，如图 5.3 所示。

图5.3 页脚

5.2.2 网页布局类型

网页版式的基本分类主要有骨骼型、国字型、满版型、框架型、分割型、中轴型、焦点型、F 式布局等。

1. 骨骼型

骨骼型是一种规范的、理性的分割方法，类似于报刊的版式。常见的骨骼有竖向通栏、双栏、三栏、四栏和横向的通栏、双栏、三栏和四栏等。一般以竖向分栏为多。这种版式给人以和谐、理性的美。几种分栏方式结合使用，既理性、条理，又活泼而富有弹性。一般门户网站、新闻媒体类网站多采用骨骼型布局方式。如图 5.4 所示。

图5.4 骨骼型

2. 国字型

"国"字型，也可以称为"同"字型，是一些大型网站所喜欢的类型。即最上面是网站的标题以及横幅广告条，接下来是网站的主要内容，左右分列一些小条内容，中间是主要部分，与左右一起罗列到底，最下面是网站的一些基本信息、联系方式、版权声明等。这种结构是我们在网上见到的最多的一种结构类型，如图 5.5 所示。

图5.5　国字型

3. 满版型

随着网络带宽不断变宽，满版型版式在商业网站设计尤其是网络广告中比较常见。这种页面以图像充满整版。主要以图像为诉求点，也可将部分文字压置于图像之上。视觉传达效果直观而强烈。满版型会给人带来舒展、大方的感觉，适合温馨和暖性思维的表达，如图 5.6 所示。

图5.6　满版型

4. 框架型

框架型版式常用于功能型的网站，如邮箱、论坛、博客等。框架型又分为上下框架型和左右框架型。

（1）上下框架型

上下框架型网页布局，并非如"国"字型或拐角型一样有主栏和侧栏组成，而是一个整体或复杂的组合内容结构，因此通常应用于一些栏目较少的网站，或有整体背景图像的网站，如图 5.7 所示。

图5.7　上下框架型

（2）左右框架型

左右框架型是一种被垂直划分为两个或更多个框架的网页布局结构，类似将上下框架型布局旋转90°之后的效果。左右框架型网页布局通常会被应用到一些个性化的网页或大型论坛网页等，具有结构清晰、内容一目了然的优点，如图5.8所示。

图5.8　左右框架型

5. 分割型

分割型是把整个页面分成上下或左右两部分，分别安排图片和文案。两个部分形成对比：有图片的部分感性而具活力，文案部分则理性而平静。可以调整图片和文案所占的面积，来调节对比的强弱。例如，如果图片所占比例过大，文案使用的字体过于纤细，字距、行距、段落的安排又很疏落，则造成视觉心理的不平衡，显得生硬。倘若通过文字或图片将分割线虚化处理，就会产生自然和谐的效果，如图5.9所示。

图5.9　分割型

（1）水平分割型

水平分割的页面具有较强的视觉稳定性，给人平静、安定的感觉，观者的视线是水平流动的，一般是从左至右，遵从人的视觉习惯，如图 5.10 所示。

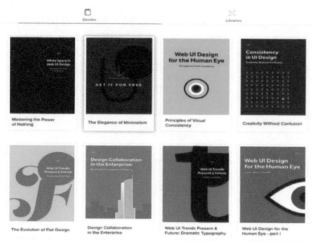

图5.10　水平分割型

（2）垂直分割型

垂直分割强调的是垂线的视觉冲击力，体现坚强、理智与秩序的感觉。一般情况下直的线条给人感觉流畅、挺拔、规矩、整齐，所以，直线和方正的图形在页面上的重复组合会给人秩序井然的视觉效果。多应用于比较庄重、严肃的网页题材，如图 5.11 所示。

图5.11　垂直分割型

6. 中轴型

中轴型是沿浏览器窗口的中轴将图片或文字作水平或垂直方向的排列。水平排列的页面给人稳定、平静、含蓄的感觉，垂直排列的页面给人以舒畅的感觉。此类网站版式为各类网站所采用，如图 5.12 所示。

图5.12　中轴型

7. 焦点型

焦点型的网页版式通过对视线的诱导，使页面具有强烈的视觉效果。常用方法有插画、图片以及留白。一图胜千言，图像的信息量巨大。具有"行为召唤"效应的按钮和动画也很值得采用。周围的"无"衬托了中间的"有"，用户自然会注意到"有"，直截了当地让用户注意焦点元素，如图 5.13 所示。

图5.13　焦点型

8. F式布局

F 式布局是一种科学的布局方法，基本原理依据了大量的眼动研究。一般来说，用户浏览网页的视觉轨迹是这样的——先看看顶部，然后看看左上角，然后沿着左边缘顺势直下……而用户往往不太注意右边的信息，这是不是有点像字母 F？据此，我们习惯把重要元素（诸如品牌 Logo、导航、行为召唤控件）放在左边，而右边一般放置一些对用户无关紧要的广告信息，如图 5.14 所示。

图5.14　F式布局

5.3 网页设计案例

5.3.1 儿童教育网站设计

网页的版式布局，就是指网页中图像和文字之间的位置关系，也可以称之为网页排版。网页版式设计包括分割、组织和传达信息，使网页易于阅读、界面具有亲和力和可用性。

儿童教育类型的网站针对性强，服务大众为儿童及其父母，这种类型的网站在设计上要力求活泼生动，网站前期界面设计均用 Photoshop 完成。

1. 设计思路

儿童教育网站的界面设计是以当今社会对儿童的重视程度为启发点,服务对象为儿童及其家长,网站主题为儿童教育。因此在风格上应该选用可爱、活泼、童真的卡通风格。整个页面都用较为圆润的方式去体现主题;颜色则应该选用暖色为主色调,冷暖色搭配合理,根据色彩对人们心理的影响,给观者以热情、安稳的感觉。随着扁平化的流行从配色到表现形式再到效果的输出,去除了华而不实的卡通特效,保留质感,突出主题。

2. 常用的方法

(1)如果是新手没有想法或者不知道如何下手的话,可以寻找一些类似的参考或者其他经典页面的色彩版式搭配以增加脑海中的画面感。

(2)根据自己初步的构思在纸上手绘草图画出大概轮廓,方便在 Photoshop 上制作时思路清晰。

(3)页面的颜色搭配,要根据网站类型确定网站风格,然后选用冷暖色调,如果不确定如何搭配时,可以参考色卡进行搭配。

3. 操作步骤

根据以上对网站目标、主题、用户等方面的分析,选定页面风格为可爱的卡通风格;页面导航等信息框选用圆角形式,体现出温暖的感觉;颜色选用橙色为主色调,根据色彩心理学,橙色是红色和黄色的混合色,综合了两种颜色的特点,兼有活泼、华丽、外向和开放的性格。因此,橙色更适合儿童教育网站。

儿童教育网站

(1)首先制作背景,选用橙色背景,在背景中心位置进行渐变,形成主题位置的渐变色。较深的橙色可以达到突出主题的效果,如图 5.15 和图 5.16 所示。

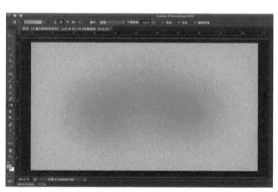

图5.15　背景

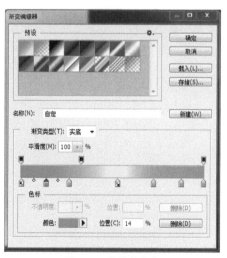

图5.16　背景渐变色

(2)在背景图层中运用矩形工具,在页面中加入浅橙色矩形,形成暖色调中的冷暖色调的对比,将页面简单地先划分出两个层次。将页面划分成上下框架型的版式,即上中下三部分。在矩形中放置附件等网页信息,如图 5.17 所示。

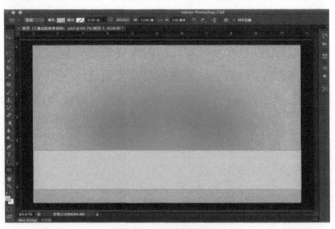

图5.17 上下框架分割

　　背景制作完成，在 AI 中制作出需要选用的卡通人物形象，或者选择利用手绘工具以及在网上寻找素材，进行主题的制作。在制作主题时，要注意颜色的冷暖对比。为了使主题更为突出，与橙色形成对比，所以多选用冷色系的颜色。值得注意的是，颜色的冷暖不是固定的，而是由于颜色的对比形成的，当橙色与黄色对比时，橙色表现为暖色；当橙色与红色进行对比时，橙色为冷色，如图 5.18 所示。

图5.18 主题卡通人物

　　在进行卡通形象的制作时也要注意，卡通形象的可观性对于儿童的吸引力。选用颜色的时候尽量选用较为明亮的颜色，还需要注意视觉层次的划分，给整个页面拉伸空间感。在主体物后加上云彩、热气球等物，并且添加图层样式，给热气球加上阴影，可以加强画面感和趣味性，如图 5.19 所示。

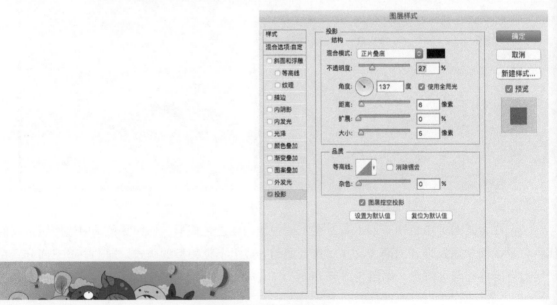

图5.19 背景装饰图层样式

　　导航是网页设计中整个页面的地图所在，通过导航可以随心所欲地到达任何一个页面，也是整个网页的整合内容所在，是页面设计中视觉要素重要的环节。在做导航的时候要注意，网站首页导航必不可少。导航的目的就是方便用户浏览页面，引导用户准确找到需要的内容，因此导航越简单越好，文字导航要比图片导航更加直接。个性化的导航会给用户和网页增加负担，另外下拉菜单也要尽量少设置，否则会让用户感到混乱，如图 5.20 所示。

图5.20　导航

　　因此导航的设计一定要一目了然，又需要跟整个页面的风格一致。运用钢笔工具绘制出一个不规则的圆弧形，绘制时选择绘制形状选项，一并填充颜色。运用钢笔工具时要注意弧线的圆润度及弧度，要自然，不能太过生硬。制作完成后，在图层面板上双击图层，增添图层样式，给导航增加描边和投影的效果，如图 5.21 所示。

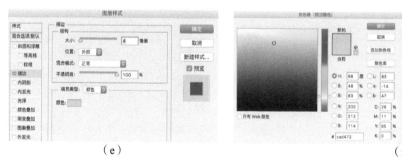

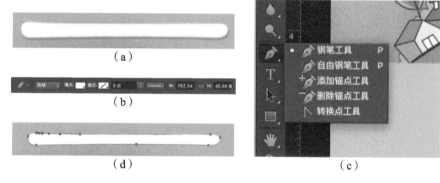

图5.21　导航制作

　　选用圆角矩形，绘制导航选用框。在导航上添加相应的内容，方便用户快速寻找和查阅浏览网站的内容，导航制作完成，如图 5.22 所示。

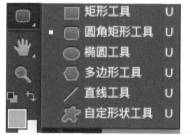

图5.22　导航按钮

把导航设计得具有符号化，使风格更加统一稳定。值得注意的是，我们在进行按钮符号化设计时，设计图标符号的功能要确切、简单化、简介化，尺寸大小应该适中。导航字体也需要趋向于圆润，不能选取过于直角的字体，那样会显得太过硬朗。导航选用双语模式，为方便不同观者的阅读习惯，将英文导航字体放小，使导航的中英文排出层次，引导观者的浏览顺序，又不失双语的特性。

网页中还需要制作出一些关于儿童教育的具体内容，可以直观展现给观者和大众的重要信息。这样在看到网页的时候，就可以尽快了解整个机构的现状与荣誉。如启蒙教育与学前教育，以及机构的教学成果等。如图 5.23 所示。

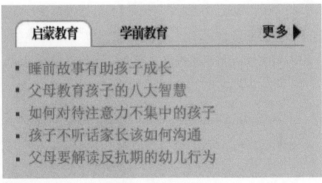

图5.23　重要内容展示区

运用圆角矩形工具绘制图形，再运用矩形选框工具把下面部分删除，形成半圆角矩形，这样不失活泼的特性，没有拘束的感觉，增加活跃性。运用直线工具画出直线，提供浏览顺序给观者，因为直线具有指示方向的作用。完成之后在上面填写介绍的内容，字体应选择低调沉稳的，内容部分的字体选用灰色，这样可以很好地拉开层次，给观者浏览内容一定的指导性，如图 5.24 所示。

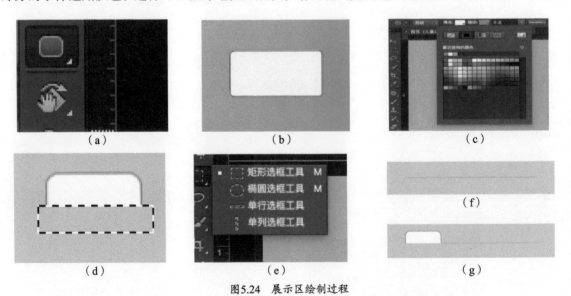

图5.24　展示区绘制过程

选取矩形圆角矩形工具，在下部进行绘制，画出一个单独的空间，在里面介绍获奖内容，矩形框自觉地进行内容分割，使观者更清晰地了解网页所介绍的内容，而不会导致网页内容散乱、重复，找不到重点。如图 5.25 所示。

图5.25 信息内容

运用圆角工具画出一个范围，用来划分内容。并且在圆角矩形框中填充主要的获奖内容，字体颜色选用橙色，在整个介绍内容中凸显出获奖内容的重要性，并凸显出层次。在页面右下角添加附件，方便观者记载收藏、搜索内容，选用圆角矩形形状，这样便于页面内容的统一，选用白色作为附件图标的颜色，因为白色在众多颜色中和黑灰一样不属于有彩色，属于无彩色，所以选用白色。白色在颜色中又代表纯洁的性质。白色的纯度在整个色系中是第一位的，和浅橙色在一起时，由于白色纯度这一特性，使白色在前一个层次，在颜色上拉开了层次感。最后在圆角矩形中运用图层样式的描边和内阴影，拉开整个内容页面的内容，并且给下部内容在统一的圆角矩形中带来不同，符合统一与变化的原则。如图 5.26 所示。

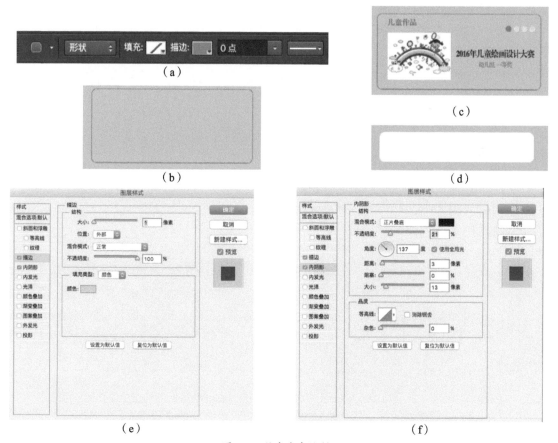

图5.26 信息内容绘制

在处理好的圆角矩形中填入图标，给观者一目了然的直观感觉，并且图标选用比较圆润可爱的，符合整个页面初定的可爱、活泼、童真的卡通风格。整个页面都用较为圆润的方式去体现主题，颜色则应该选用暖色为主色调，如图 5.27 所示。

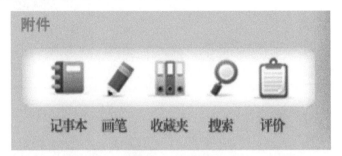
图5.27　工具图标

将以上三部分内容放入提前准备好的矩形中，形成三等份，达到平衡页面的作用。并且，左右与页边的位置与主题图片以及导航对齐，如图 5.28 所示。

图5.28　信息内容

整个页面中，除了需要具备的基本元素，如页头、导航、主题等，很多人都会选择把页脚忽略，也有人会选择把页脚做复杂，这样会降低用户体验。因为页脚的作用越来越重要，页脚设计主要用来展示网站的版权和网站介绍，在页脚添加一些有趣的内容，可以提升用户体验，让网站更有趣味，如图 5.29 所示。

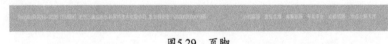
图5.29　页脚

除了这些基本元素之外，页面上还可以放置公司或者机构的 Logo，一般放在网站页面的左上角，如图 5.30 所示。

至此，整个关于儿童机构的页面首页已经设计完成，如图 5.31 所示。

图5.30　网页标志

图5.31　网页首页

要注意的是，网站拥有很多个页面，因此整个网站的风格和颜色要统一，并且在不同级页面中要存在一定的联系，如图 5.32 和图 5.33 所示。

图5.32 二级页面

图5.33 三级页面

网页设计并不是我们想象的那样容易，想设计出一个优秀的网站，还需要多实践和创新，并且要注意细节。

5.3.2 电影商务网站设计

商务网站是指一个企业、机构或公司在互联网上建立的站点，该站点主要是宣传企业形象、发布产品信息、宣传经济法规、提供商业服务的网站。这类型网站的风格需要具有商务冷静的特点，网站前期界面设计均用 Photoshop 完成。

1. 思路解析

商务网站不同于个人站点，个人站点是基于个人的目的而建设的。在电子商务中，网站是其拥有者和用户交流及沟通的窗口，是买卖双方信息交汇和传递的渠道，是企业展示其产品和服务的舞台。商务网站就好像对外设立了一个门户，企业可以利用这个门户树立自己的网上品牌、宣传企业形象、开展商务活动、增强企业的竞争力。通过门户，企业可以为自己的合作伙伴、客户等提供访问企业内部各种资源，并作为企业向外发布各种信息的窗口，能增加与客户的接触点，有助于企业提供更高水平的客户服务和提高用户忠诚度的个性化服务。

对于电影商务网站，服务对象针对性更强，多为制片人、导演等业内高端人士，网站主题为电影。因此在风格上应该选用低调、理智、商务的冷色风格。整个页面都用设计感较强的方式去体现主题；颜色则应该选用冷色调为主色调，冷暖色搭配合理，根据色彩对人们心理的影响，给观者以理智、安稳的感觉。随着扁平化从配色到表现形式再到效果的输出，去除了华而不实的特效，保留质感，突出主题。

2. 常用方法

常用的方法大致有以下几种。

（1）如果是新手没有想法或者不知道如何下手的话，可以寻找一些类似的参考或者其他经典页面的色彩版式搭配以增加脑海中的画面感。

（2）根据自己初步的构思在纸上手绘草图画出大概轮廓，方便在 Photoshop 上制作时思路清晰。

（3）页面的颜色搭配，要根据网站类型确定网站风格，然后选用冷暖色调，如果不确定如何搭配时，可以参考色卡进行搭配。

3. 制作步骤

根据以上对网站目标、主题、用户等方面的分析，选定页面风格为商务风格；主页面为登录页面，选用设计感较强的抽拉式，其他选用简洁的风格，更凸显公司的设计感；颜色选用中性灰为主色调，根据色彩心理学，灰色象征诚恳、沉稳、考究。在无形中散发出智能、成功、权威等强烈信息；中灰与淡灰色则带有哲学家的沉静。由于公司性质，要考虑到电影海报的多样性，选择中性灰还能有助于页面的统一和平衡。

首先制作背景，选用暖灰色背景，运用灰色表现出认真、稳重，突出公司的性质及网站商务的效果，如图 5.34 所示。

图5.34　页面背景

在背景图层中运用钢笔工具，进行纸条抽拉式设计的制作。首先进行纸条抽拉式的阴影制作，在页面中加入不规则的图形，并进行图层渐变叠加和投影效果的制作。其次在不规则形状图层上进行覆盖，运用矩形工具制作与背景统一颜色的矩形，并添加图层样式为投影。最后上下两个图层叠加，做成抽拉式的阴影，如图 5.35 所示。

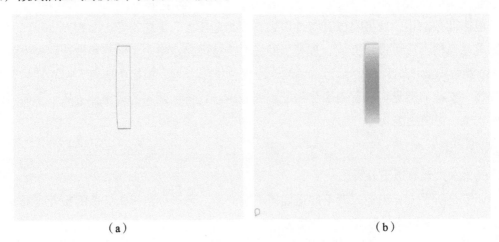

（a）　　　　　　　　　　　　　　　（b）

图5.35　抽拉式绘制

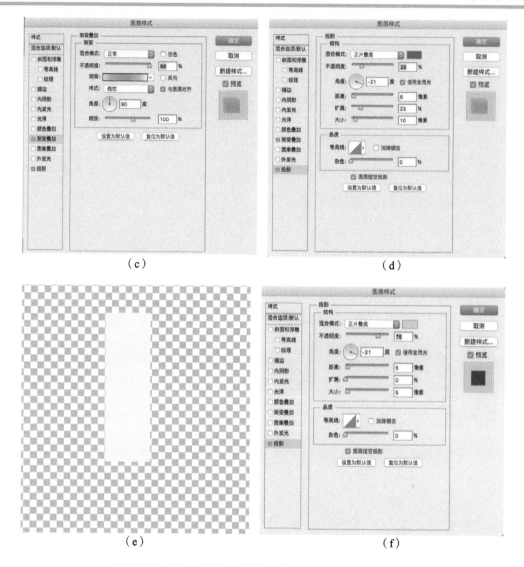

（g）

图5.35 抽拉式绘制（续）

　　进行纸条的效果制作，运用圆角矩形工具绘制白色的纸条，在图层上添加描边和投影的效果，如图 5.36 所示。

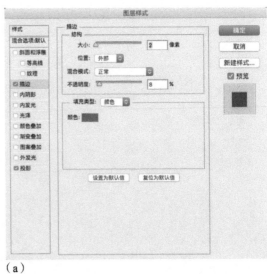

（a）

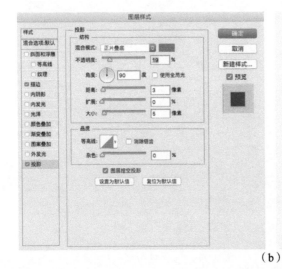

（b）

图5.36　纸条绘制

在纸条上面加上提前在 AI 中绘制的图标以及文字，展示内容，值得注意的是，文字不能如上一节案例一样选取圆润可爱的字体，而是需要选取理智、科技感强的字体，并且选取颜色也是中性灰中的中灰色。如图 5.37 所示。

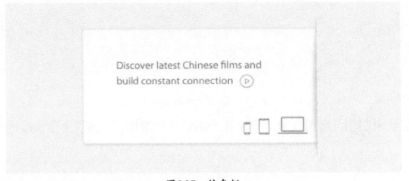

图5.37　信息栏

在右边半张纸条也如上述方式进行制作，并在上面添加登录信息等，如图 5.38 所示。再在上面添加登录框、登录案件等信息。也是运用圆角矩形工具绘制登录框，以及提前在 AI 中制作图标、信息文字等，如图 5.39 所示。

图5.38 登录信息纸条设计   图5.39 登录信息

最后在上面进行登录按钮的制作，运用圆角矩形和图层样式的内阴影、描边、渐变叠加、投影等效果，字体也要与之对应，加入投影效果，如图 5.40 所示。

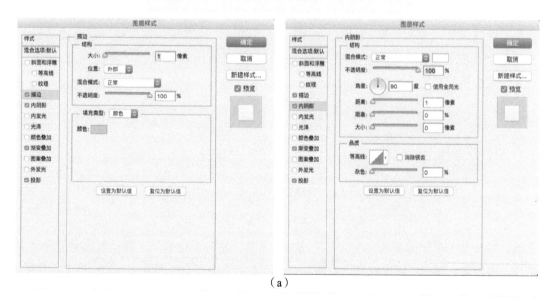

（a）

图5.40 登录信息绘制

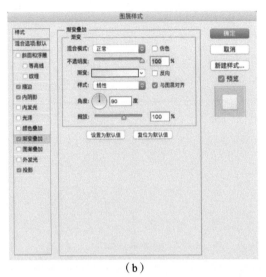
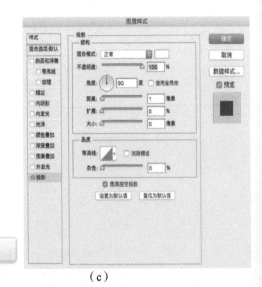

（b）　　　　　　　　　　　　　　　　（c）

图5.40　登录信息绘制（续）

　　抽纸式设计制作完毕，抽纸式是此网页的设计创意，给观者带来科技感和设计感，如图5.41所示。

图5.41　首页主要内容

　　在页面的底部加入其他页脚的内容，此网页的页脚设计比其他网站占整个页面比重更大，以此来平衡整个页面的重心，使用左右框架型。在页面最下部出现 help 和下拉键，用来平衡页面，方便观者，增添页面趣味性，如图 5.42 所示。

图5.42　页脚

　　至此，整个关于电影商务的页面首页已经设计完成，如图 5.43 所示。要注意的是，网站拥有很多个页面，因此整个网站的风格和颜色要统一，并且在不同级页面中要存在一定的联系，如图 5.44～图 5.46 所示。

图5.43　首页

图5.44　二级页面（电影内容）

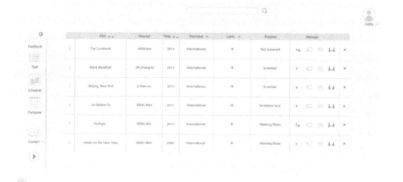

图5.45　二级页面（选片人）

图5.46　二级页面

5.4 本章小结

在页面设计中使用合理的渐变效果虽然好，但是要注意的是，渐变有很多种，不能将渐变做成像彩虹一样，这样会使整个页面看起来非常凌乱。网站设计要懂得适当地留白，留白并不是空白，页面设计中留白可以让页面中多个元素合理安排，让页面的元素分散开来，这样用户浏览页面的时候会非常清晰、顺畅。对于色彩丰富的网站，如果能巧妙处理渐变与背景的关系，把渐变和散景结合在一起，并且将渐变、投影、纹理等效果结合在一起，那么会在视觉上带来非常好的效果。

虽然网页设计也是一门艺术，但和艺术还是有非常大的区别，因此不可以完全用艺术的手法去完成。在追求创新的同时不能忽视观者和用户的体验，创新要在用户能接受的基础上，而抽象的创新会造成用户的浏览负担。新颖的字体也要少用，这会影响到用户的阅读。

5.5 习题

打开素材文件，制作以多肉植物为主题的网页设计作品，在网页的设计上要求能体现时尚休闲。参考效果图如图 5.47 所示。

图5.47 多肉效果

要求：注意网站页面所的层次关系，以及页面的排版方式。

第6章

包装设计

↗ 本章概述

包装设计是艺术与商品的结合，它将艺术运用到商品的包装保护与美化宣传，提升商品的外在附加价值，其基本任务是科学、经济地完成产品包装的造型、结构和装潢设计。包装设计是商品外在形象中的灵魂，在产品销售过程中，起着至关重要的作用。

↗ 本章学习要点

◇ 了解包装设计的基本概念及设计原则
◇ 理解、掌握包装设计的几种方法与技巧
◇ 熟练掌握几种不同类型产品的包装设计的设计与制作方法

6.1 行业背景知识简介

包装与产品几乎是一对孪生子，有了产品就要有包装的保护。而与传统的包装相比，现代包装设计已经发展成为一种视觉信息的传达媒介。商品包装的理想境界是"最好的包装就是没有包装"，即优秀的包装应该和商品达成完美的统一，浑然天成，就像人穿衣服和本人的外形、气质需要协调一致一样。

6.1.1 包装设计应用领域

包装设计的应用领域非常广泛，凡是有产品的地方就有包装设计的存在。

6.1.2 包装设计的要求与原则

一个成功的包装设计能准确反映出产品的定位、消费者的心理需求，能够帮助企业在众多竞争品牌中脱颖而出。在进行产品包装设计时，一般需满足以下要求。

（1）设计要从消费者的角度出发。能否激发消费者的购买欲望是评价产品包装设计成败的最重要标准之一，所以在进行包装设计时需要从消费者的角度出发，本着"实践—设计—再实践—再设计"的原则，使产品的包装设计得到越来越多的消费者的认可。

（2）把握时代脉搏。产品的包装设计应当符合消费者日益成熟的消费观念。另外，包装设计需迎合当下环保、健康的理念，还应充分考虑当代人文因素。

在进行产品包装设计时一般应遵循以下原则。

1. 醒目

产品的包装要起到促销作用，首先必须能吸引消费者的注意，产品引起人们的注意才有被购买的可能。所以，在设计产品的包装时，经常使用别出心裁的造型、鲜艳夺目的颜色、精美的图案等，如图 6.1 和图 6.2 所示。

图6.1　包装示例1

图6.2　包装示例2

2. 理解

一个成功的包装设计不仅能通过造型、色彩、图案等使消费者对产品产生兴趣，还要能使消费者通过包装精确地理解产品。若想准确向消费者传达产品信息，最有效的办法是采用全透明包装，或者在包装上开窗以展示产品，也可以在包装上绘制产品图形、印刷彩色产品照片，或者在包装上做简要文字说明等，如图 6.3 和图 6.4 所示。

图6.3　包装示例3

图6.4　包装示例4

3. 好感

消费者对商品包装的喜恶对购买冲动起着极为重要的作用，包装的造型、色彩、图案、材质要能引起人们的喜爱之情，才能诱发购买行为。消费者对商品的好感通常首先是来自实用方面，即能否满足消费者的需求，如包装的大小、多少、精美等。另外，好感还与包装效果所产生的消费者心理效应，与个人以及个人气息的环境密切相关，如图 6.5 和图 6.6 所示。

图6.5　包装示例5

图6.6　包装示例6

6.2　本章重要知识点

6.2.1　基础知识

本章案例涉及 Photoshop 中的蒙版、选区、图像变换、滤镜、色彩校正、钢笔工具、图层样式、图层混合模式等基础知识。有关知识点可扫描二维码查看。

6.2.2　包装设计技巧

包装设计的技巧主要有 3 点：色彩技巧、构图技巧、文化内涵的把握。

1. 色彩技巧

（1）色彩与包装物的照应

色彩与包装物的照应是指通过外在包装色彩揭示或照应内在包装物品，使消费者看到包装就基本能感知或联想到内在的包装为何物。即使包装的主色调并非

知识点提炼

135

与包装物完全一致，但在它画面中一定有些点睛之笔的象征色块、色点或以该色突出的集中内容，如图 6.7 和图 6.8 所示。

图6.7　包装示例7　　　　　　　图6.8　包装示例8

（2）色彩与色彩的对比

色彩的对比包括色彩的深浅对比、轻重对比、点面对比、繁简对比、雅俗对比、反差对比等。

常用具体手法是大面积的浅色铺垫，其上用深色构图，如淡绿色铺地墨绿色构图，如图 6.9 所示。

图6.9　包装示例9

用清淡素雅的底色衬托凝重深沉的主题图案，或在凝重深沉的主题图案中表现出清淡素雅的包装物主题与名称、商标或广告语等，如图 6.10 和图 6.11 所示。

小范围和大范围画面间的对比，如整个包装袋上干干净净什么都没有，只在中间很集中地出现一个非常明显的重颜色小区域，在这个小区域上体现产品的品牌与名称等，如图 6.12 和图 6.13 所示。

图6.10　包装示例10　　图6.11　包装示例11　　图6.12　包装示例12　　图6.13　包装示例13

用一个大面积的嘈杂凌乱图像区域，反衬整洁干净的部分，在整洁部分呈现产品主题或名称、广告语等，如图 6.14 和图 6.15 所示。

图6.14　包装示例14　　　　图6.15　包装示例15

画面设计以突出"俗"而反衬它的高雅，其中"俗"的表现方式通常是颜色的凌乱和无序，如图 6.16 和图 6.17 所示。

图6.16　包装示例16　　　　图6.17　包装示例17

由色素自身的不同而相互形成的反差效果，通常表现为：明暗反差、冷暖反差、动静反差、轻重反差等，如图 6.18～图 6.21 所示。

图6.18　包装示例18　　　图6.19　包装示例19　　　图6.20　包装示例20　　　图6.21　包装示例21

2. 构图技巧

包装设计中的构图技巧是多种多样的，常用的包括：粗细对比、远近对比、疏密对比、静动对比等。

构图技巧中的粗细对比通常是指主体图案与陪衬图案的对比、中心图案与背景图案的对比、粗犷与精美的对比等，如图 6.22 所示。

构图技巧中的远近对比是指包装图案的设计应分近、中、远 3 种画面的构图层次。近景，就是在画面中最抢眼的那部分图案，也就是该包装图案最重要的表达内容。后面依次才是中景，通常用稍小一点的字体或图像表示。最后的远景，一般用较小的文字或图像等传递一些诸如广告语、性能说明、企业标志等，如图 6.23 所示。

构图的疏密对比是指在设计包装图案时，该集中的地方就要有扩散的陪衬，不要全部集中或全部扩散，设计应体现一种疏密协调，需节奏分明、有张有弛，同时不失主题突出，如图 6.24 所示。

图6.22　包装示例22　　　　图6.23　包装示例23　　　　图6.24　包装示例24

构图技巧中的动静对比通常以这样的形式出现：在一种包装主题名称的背景或周边表现出爆炸性图案或故意涂抹的几笔疯狂的粗线条，或者呈飘带形的文字或图案等，如图 6.25 和图 6.26 所示。

图6.25　包装示例25　　　　图6.26　包装示例26

3. 文化内涵

一个好的包装设计需要注入一定的文化内涵，尤其要有代表企业文化的内涵，或企业的理念追求，如图 6.27 所示。

图6.27　包装示例27

6.3　包装设计案例

6.3.1　书籍封面设计

1. 任务描述

为"日照印象"书籍设计制作封面和立体效果图，该书籍包含日照的城市历史沿革、文化、人文风俗、旅游攻略等内容。

2. 设计思路

书籍的封面设计风格需要根据书籍内容来定位。本书是一本介绍城市风景、文化等内容的书籍，即可在封面附上城市风景图像，达到封面内容与书籍内容相一致，设计内容上能够切题。根据所选取的两幅风景图，分别是海岸风景和高山图，在设计排版上，将高山图像放在封面的正面，采用曲线剪裁、羽化过渡等手法呈现，封面背面放置海岸风景图像，采用边缘羽化的手法，让海景的开阔柔和美与高山的挺拔仙境相吻合。为让整体效果整洁、不凌乱，书籍背面在设计上尽量简洁，选取一副海上帆船的风景图，椭圆形羽化呈现，突出该城市的魅力海滨风情。封面正面的上方利用一只伸出的手，表达对日照这座城市的热爱，以及日照人民的好客之情，另外，手的边缘碰触到"日照"文字，更有努力托起日照未来发展之寓意，如图 6.28 所示。

平面效果图　　　　　　　　　　　　　　　　立体效果图

图6.28　书籍封面效果图

操作步骤

1. 书籍封面平面设计

（1）启动 Photoshop 软件，按 Ctrl+N 组合键，在弹出的"新建"对话框中，设置文件的宽度和高度值分别为 1247 像素和 842 像素，分辨率设置为 72 像素 / 英寸，如图 6.29 所示。

书籍封面
设计

图6.29　"新建"对话框

（2）按 Ctrl+R 组合键，显示标尺，并使用"移动工具"从标尺处拖出参考线，将版面分为左右两部分。

（3）按 Ctrl+O 组合键，打开素材图片"pic1.jpg"，选中人物，利用"移动工具"，将素材直接拖动复制到当前文件中。新图层命名为"山"，按 Ctrl+T 组合键，单击工具选项栏中的"保持长宽比" ⊖ 按钮，缩放素材大小并调整至合适位置，如图 6.30 所示。

（4）选中名称为"山"的图层，执行"图层→图层蒙版→显示全部"菜单命令，创建图层蒙版。选择"渐变工具"，在蒙版上填充"由上至下"的"线性""黑白"渐变，创建图像渐隐效果，如图 6.31 所示。

图6.30 新建文档导入素材　　　　　图6.31 添加图层蒙版

（5）按 Ctrl+O 组合键，打开素材图片"印象 - 文字 .psd"和"日照 - 文字 .psd"，选择"移动工具"，将素材直接拖动复制到当前文件中。缩放素材大小并调整至合适位置，为"印象"图层设置图层样式，添加斜面浮雕和投影的效果，如图 6.32 所示。

（6）按 Ctrl+O 组合键，打开素材图片"手 .jpg"，将手的图像复制到当前文档中，调整大小及位置，如图 6.33 所示。利用"横排文字工具"，输入文字"韦金著""文艺出版社"，如图 6.34 所示。新建组，将以上内容图层归入到该组，命名为"正面"。

图6.32 导入文字素材　　　图6.33 导入"手"的素材　　　图6.34 添加正面文字

（7）新建组，命名为"背面"。按 Ctrl+O 组合键，打开素材图片"pic2.jpg"，选择"椭圆选框工具"，设置羽化值 20 像素，绘制椭圆形选区。将选区内图像复制到书籍封面文件中，并调整大小、位置，如图 6.35 所示。

（8）选择"横排文字工具"，设置字体为"宋体"，大小为 17 点，颜色为黑色，在左上角输入文字："责任编辑：王二""封面设计：李三；文字校对：吴六"。继续在页面中间位置输入文字："日照，因'日出初光先照'而得名，地处山东半岛南翼，北依青岛，与韩国、日本隔海相望，是一座具有海洋特色的新

图6.35 添加背面图像

兴城市，全市总面积 5358 平方公里，总人口 299 万人。日照拥有中国东部沿海最纯净的蓝天、碧海、金沙滩。"如图 6.36 所示。

（9）打开素材图像"条形码 .psd"，将条形码复制到当前文件中，调整大小、位置。输入文字"定价：39 元"，字体为宋体，颜色为黑色，大小为 16 点，如图 6.37 所示。

图6.36　添加背面文字

图6.37　添加条形码

（10）新建组，命名为"中线"。选择"直排文字工具"，继续在中间参考线部位输入文字，设置字符间距为 400，如图 6.38 所示。

图6.38　添加"中线"文字

2. 书籍立体效果制作

（1）新建文档，设置文件的宽度和高度分别为 1247 像素、842 像素，分辨率设为 72 像素 / 英寸，如图 6.39 所示。

（2）将前景色设置为灰色（#7a7a7a），按 Alt+Delete 组合键用前景色填充"背景"图层。打开"书籍包装设计平面效果图 .psd"文档，将书籍正面复制到当前文档中（可先盖印图层再复制），并调整大小、位置，如图 6.40 所示。

（3）继续从"书籍包装设计平面效果图 .psd"文档复制侧面图像，将其复制到当前文档，调整大小及位置，如图 6.41 所示。

图6.39　"新建"对话框

图6.40 复制正面图像 图6.41 复制"中线"部分图像

（4）在图层面板中，单击选择"书籍正面"所在图层，执行"编辑→变换→透视"菜单命令，将图像向右上方斜切一个小角度，做出立体效果。继续选择"侧面"所在图层，进行相同的操作，效果如图 6.42 所示。

（5）在图层面板中，同时选中正面和侧面所在的图层，按 Ctrl+J 组合键复制图层，合并两个副本图层，并进行垂直翻转（执行菜单命令"编辑→变换→垂直翻转"），进行适当调整后，添加白色图层蒙板（操作提示：分别选中两个图层，单击图层面板下方的"添加图层蒙板"按钮；或执行"图层→图层蒙板→显示全部"菜单命令），如图 6.43 所示。

图6.42 图像斜切变形 图6.43 复制图像

（6）选择"画笔工具"，设置前景色为黑色，在工具选项栏中设置流量、不透明度"35%"，在蒙板上绘制，制造倒影效果，如图 6.44 所示。

（7）选择"多边形套索工具"，绘制三角形选区，填充深灰色（#727272），按 Ctrl+D 组合键取消选区，如图 6.45 所示。

图6.44 制作倒影效果

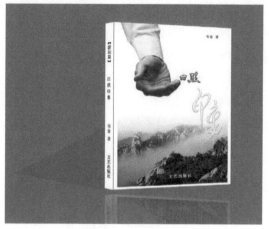
图6.45 绘制影子区域

6.3.2 纸袋包装设计

1. 任务描述

某地区新开一家宠物店，现正在做宣传筹备等工作，请利用 Photoshop 为该宠物店设计一款创意手提袋效果图。

2. 设计思路

手提袋是企业形象宣传非常好的方式，通过手提袋可以表现出企业的形象，提升品牌形象。

手提袋的设计要简洁而且大方，以公司的标志形象为主，可以含有企业理念。设计过程要避免复杂。本例中要求为某一宠物店设计一款手提袋，考虑到宠物店的服务对象，手提袋上突出呈现一条小狗的形象及宠物店的名字。为了给手提袋在视觉上添加一点新意，在小狗脖子与手提绳之间连接一条绳子，这样顾客在手提该袋子时，看起来像是牵着一条小狗。这种设计总体简洁、突出主题，且富有一定的创意感，能够吸引路人注意，从而达到宣传的效果。

效果图如图 6.46 和图 6.47 所示。

图6.46 手提袋平面效果图

图6.47 手提袋立体效果图

操作步骤

1. 平面手提袋包装设计

（1）启动 Photoshop 软件，按 Ctrl+N 组合键，在弹出的"新建"对话框中，

纸袋包装设计

设置宽度和高度的值分别为 80 厘米、40 厘米，设置分辨率为 72 像素 / 英寸，如图 6.48 所示。按 Ctrl+S 组合键，存储为"手提袋包装平面设计 .psd"。

注意：实际工作中，印刷通常设置分辨率为 300 像素 / 英寸以上，颜色模式为 CMYK 颜色。

（2）新建图层，填充颜色（#f6c7a9）。按 Ctrl+R 组合键显示"标尺"，使用"移动工具"从标尺处拖出几条参考线，如图 6.49 所示。

（3）执行菜单"滤镜→像素化→彩色半调"命令，在弹出的对话框中，设置最大半径为"4"像素，如图 6.50 所示，单击"确定"按钮。

图6.48 "新建"对话框

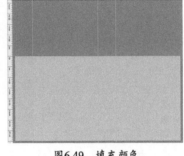
图6.49 填充颜色

图6.50 修改最大半径

（4）执行菜单"图像→调整→去色"命令（Ctrl+Shift+U），然后通过执行菜单"图像→调整→色相/饱和度"命令，选中"着色"，调整各参数，如图 6.51 所示。调整颜色后，效果如图 6.52 所示。

图6.51 调整色相/饱和度

图6.52 调整颜色后效果

（5）新建图层，按 D 键设置默认前景色和背景色。选择"直线工具" ，从选项栏中选择"工具模式"为"像素"，"粗细"为"2"像素，按 Shift 键沿着参考线从上向下绘制直线。按 Ctrl+H 组合键隐藏参考线，如图 6.53 所示。

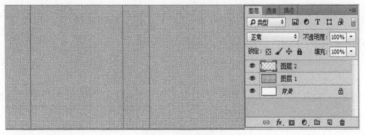
图6.53 绘制直线

（6）打开素材图片"宠物狗 .psd"，如图 6.54 所示。将素材复制到当前包装纸袋文件中，按 Ctrl+T 组合键调整大小及位置，执行菜单命令"编辑 / 变换 / 水平翻转"，将小狗图像进行水平调整，如图 6.54 所示。

图6.54 绘制直线

（7）选择"直排文字工具"，设置字体为"华文新魏"，字号 90 点，颜色为黑色，输入文字
"非宠勿扰"；选择"直排文字工具"，设置字体为"宋体"，字号 45 点，在相应位置分别输入文字
"连锁狗狗宠物店""非宠勿扰宠物连锁店""地址：广州市花都区人民路 234 号""服务热线：400-
008-12345"，效果如图 6.55 所示。

图6.55 添加文字

（8）单击"图层"面板下方的"创建新组 📁"，命名为"侧面文字"，将侧面文字所在的 3
个文字图层放入该组。在图层面板上，选中该组单击鼠标右键，在弹出的快捷菜单中选择"复制
组"命令，利用"移动工具"或配合使用方向键，将复制的文字移动到左侧面。效果如图 6.56 所示。

图6.56 复制并粘贴文字

（9）选中"狗狗""非宠勿扰""连锁狗狗宠物店"所在的 3 个图层，按 Ctrl+J 组合键复制图层，
选择"移动工具"，利用 Shift+ 方向键将复制得到的 3 个对象移动到相应位置，如图 6.57 所示。

图6.57 在另一面粘贴相同的图像

（10）执行菜单命令"图像 / 画布大小"，在弹出的对话框中设置画布宽度为"82 厘米"，高度为"50 厘米"，设置扩展方向，如图 6.58 所示。

图6.58 扩展画布

（11）新建图层，命名为"圆孔"，选择"椭圆选框工具"，按 Shift 键绘制圆形选区，填充黑色。按 Ctrl+D 组合键取消选区，按 Ctrl+J 组合键复制图层，并将副本移动到相应位置，如图 6.59 所示。

图6.59 绘制"圆孔"

（12）在图层面板中选中"圆孔拷贝"图层，单击鼠标右键，在弹出的快捷菜单中选择"向下合并"命令，合并图层。按 Ctrl+J 组合键，复制图层，选择"移动工具"，利用 Shift+ 方向键的方式，将副本移动到相应位置，如图 6.60 所示。

图6.60　在另一面绘制"圆孔"

（13）新建图层，命名为"角边"，利用"多边形套索工具"绘制三角形选区，填充黑色，采用第 12 步相同的方法复制对象并调整位置，如图 6.61 所示。

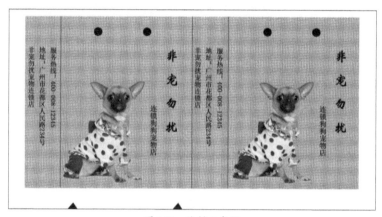

图6.61　绘制三角形

2. 立体手提袋包装设计

（1）打开文件"手提袋包装平面设计 .psd"，单击"图层"面板中的"指示图层可见性" 👁 按钮，隐藏部分图层，然后按 Ctrl+Alt+Shift+E 组合键盖印可见图层，分别得到"背景盖印""正面文字盖印"和"侧面文字盖印"，如图 6.62 所示。

图6.62　盖印图层

（2）按 Ctrl+N 组合键，在弹出的对话框中，设置宽度和高度值分别为 82 厘米、50 厘米，设置分辨率为 72 像素 / 英寸，存储为"手提袋包装立体设计 .psd"。

（3）将"手提袋包装平面设计 .psd"中"背景盖印""正面文字盖印""侧面文字盖印"3 个

图层中的内容，利用"移动工具"拖到"手提袋包装立体设计 .psd"文档中，如图 6.63 所示。选择"矩形选框工具"创建选区，删除多余部分，如图 6.64 所示。

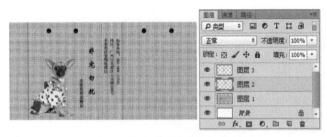

图6.63　复制平面图到当前文档　　　　　　图6.64　裁剪图像

（4）在图层面板中选择"图层 1"，利用"矩形选框工具"创建矩形选区，按 Ctrl+Shift+J 组合键将侧面背景剪贴到新图层，并分别将图层命名为"正面背景"和"侧面背景"。其他图层分别命名为"正面文字"和"背面图层"，如图 6.65 所示。

（5）选中"正面背景"图层，按 Ctrl+T 组合键自由变换，然后单击鼠标右键，在弹出的快捷菜单中选择"透视"命令，调整如图 6.66 所示。

图6.65　重命名新图层　　　　　　图6.66　透视变换

（6）选中"侧面背景"图层，使用"钢笔工具"，选择"工具模式"为"路径"，绘制侧面阴影区域，如图 6.67 所示。

（7）按 Ctrl+Enter 组合键将路径转换为选区，选中"侧面背景"图层，按 Ctrl+J 组合键复制该选区。按 Ctrl+M 组合键，调整曲线，如图 6.68 所示。

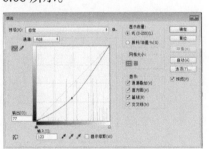

图6.67　绘制阴影区域　　　　　　图6.68　调整曲线

（8）选择"矩形选框工具"在侧面背景的左半部分绘制矩形选区，选区内单击鼠标右键，在弹出的快捷菜单中选择"变换选区"命令，再次在选区内单击右键，选择"变形"命令，拖动控制点，调整选区形状，如图 6.69 所示。按 Enter 键应用变换。

（9）选择"侧面背景"图层，按 Ctrl+J 组合键复制该选区，按 Ctrl+M 组合键调整曲线，如

图 6.70 所示。

 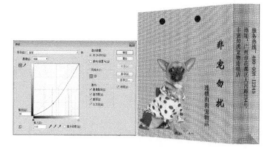

图6.69　图像变形　　　　　　　　　　图6.70　调整曲线

（10）为了使文字紧贴背景，使用"矩形选框工具"，分别选择"正面文字"和"侧面文字"图层内容，按 Ctrl+T 组合键自由变换，然后单击鼠标右键，在弹出的快捷菜单中选择"斜切"命令，调整文字形状后，按回车键应用变换，按 Ctrl+D 组合键取消选择，如图 6.71 所示。

（11）新建图层，命名为"绳子"。使用"钢笔工具"绘制一条路径，如图 6.72 所示。

图6.71　调整曲线　　　　　　　　　　图6.72　绘制路径

（12）使用"画笔工具"，选项栏中设置"画笔预设"为"硬边圆"，"大小"为 30 像素，"硬度"为 100%。设置前景色为白色。打开"路径"面板，单击"用画笔描边路径"命令，如图 6.73 所示，单击"确定"按钮。

（13）打开"路径"面板，在路径上单击鼠标右键，在弹出的快捷菜单中选择"删除路径"命令，将路径删除，效果如图 6.74 所示。

图6.73　描边路径　　　　　　　　　　图6.74　删除路径

（14）在"图层"面板中，"绳子"图层的名称右侧空白处双击鼠标键，弹出"图层样式"对话框，选择"图案叠加"，单击 按钮，单击 中的"艺术家画笔画布"命令，选择其中的"上底色亚麻"，如图 6.75 所示。

（15）在"绳子"图层的下方新建一个图层，选择"绳子"图层，如图 6.76 所示，按 Ctrl+E

组合键向下合并图层。

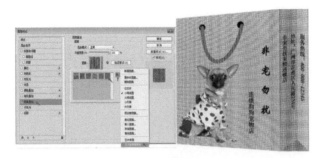

图6.75　绘制绳子

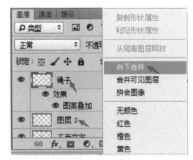

图6.76　新建图层

（16）执行菜单"图像→调整→色相/饱和度"命令，选中"着色"，根据需要设置绳子颜色，如图6.77所示。

（17）使用"钢笔工具"绘制路径，用于制作拴小狗的绳子，画笔大小设置为20像素，重复⑫～⑯步的操作，如图6.78所示。

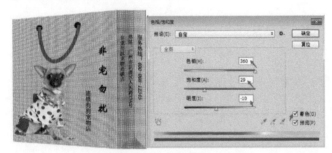

图6.77　调整绳子颜色

图6.78　调整绳子细节

（18）选择"绳子"所在图层，执行菜单命令"编辑/变换/垂直翻转"和"水平翻转"，并调整位置及大小等。最终效果如图6.79所示。

图6.79　最终效果

6.3.3　瓶子包装设计

1. 任务描述

某化妆品公司推出一款葡萄籽精华护肤系列产品，请您为该产品设计制作包装瓶，要求符合该产品葡萄籽精华护肤的健康、自然理念，设计精致美观、富有吸引力。

2. 设计思路

就目前化妆品市场而言，其主要消费群体以年轻女性为主。因此，具有欣赏价值的、美的产品往往对她们能够形成强烈的刺激，影响她们的购物情绪，进而产生某种购买的欲望。本产品包装瓶在设计上突出其葡萄籽精华的天然、健康的理念。瓶身色彩上采用与葡萄颜色相近的淡紫色，紫色代表浪漫、神秘、高贵，有皇家气质，故紫色又称帝王紫。人们常说"每个女孩都有一个公主梦"，所以瓶盖底部用类似皇冠的装饰物，提升包装的精美度，也更符合女性对类似皇冠的装饰品的喜好之情，能使包装更好地引起女性消费者的心理共鸣，加上瓶身适当的尺寸比例，能够很好地满足她们对化妆品的外观需求。

效果图如图 6.80 所示。

图6.80　效果图

操作步骤

（1）启动 Photoshop 软件，新建一个 600×600 像素的文件，如图 6.81 所示。新建图层，命名为"瓶身"。

（2）使用"矩形选框工具"，创建一个矩形选区，然后选择"渐变工具"，在选项栏中打开"渐变拾色器"，在位置 25% 处，设置颜色为（#ddd8fb），0% 和 100% 处设置白色（#ffffff）如图 6.82所示，单击"确定"按钮，为选区填充从左到右的线性渐变。

图6.81　"新建"对话框

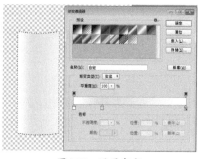

瓶子包装设计

图6.82　设置渐变

（3）按 Ctrl+D 组合键，取消选区。按 Ctrl+T 组合键，在选项栏中单击"在自由变换和变形模式之间切换"按钮进行自由变换，选择变形为"拱形"，参数可以自己调整，如"弯曲"为"-10.0"，变形之后如图 6.83 所示。

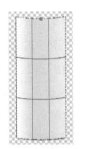

图6.83　设置渐变

（4）新建图层，命名为"瓶盖"。选择"矩形选框工具"，在图上绘制选区（也可以按住 Ctrl 键，在"瓶身"缩略图层处单击，然后按 Alt 键使用"矩形选框工具"对选区进行减去选区操作），如图 6.84 所示。

（5）选择"渐变工具"，在选项栏中打开"渐变拾色器"对话框，设置渐变颜色：白色与灰色（#343434）交替，单击"确定"按钮，给选区填充从左到右的线性渐变。按 Ctrl+T 组合键，在选项栏中单击"在自由变换和变形模式之间切换 "按钮进行自由变形，效果如图 6.85 所示。

（6）填充渐变之后，如果觉得渐变效果生硬，可以执行菜单"滤镜→模糊→高斯模糊"命令进行模糊操作，半径需要根据实际选区进行调整，如图 6.86 所示。

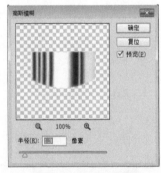

图6.84　绘制瓶盖选区　　　　图6.85　给瓶盖填充渐变　　　　图6.86　设置高斯模糊

（7）新建图层，命名为"盖面"。选择"椭圆工具"，绘制椭圆选区，选择"渐变工具"，单击打开"渐变拾色器"，设置渐变颜色：（#ededed）、（#ffffff），为选区填充从上到下的线性渐变。

（8）按 Ctrl+T 组合键，在选项栏中单击"在自由变换和变形模式之间切换 "按钮进行自由变形，调节图形，效果如图 6.87 所示。

（9）新建图层，命名为"瓶底"。绘制矩形选区，将选区变形后，得到图 6.88 所示的选区。

（10）选择"渐变工具"，在选项栏中打开"渐变拾色器"，设置颜色分别为（#a4a4a4）、（#ededed），如图 6.89 所示，也可以靠自己的感觉来调整渐变颜色。为选区填充从左到右的线性渐变。按 Ctrl+T 组合键进行自由变形。

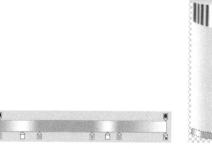

图6.87 调节图形　　　图6.88 绘制瓶底选区　　　　　图6.89 填充渐变并变形

（11）新建图层，命名为"瓶底反光"，选择"钢笔工具"，工具选项栏中选择"工具模式"为"形状"。按 Ctrl+Enter 组合键，将形状转化为选区，再填充颜色（#e4e3e2），如图 6.90 所示。

（12）新建图层，将其命名为"装饰条"。选择"矩形选框工具"，创建图 6.91 所示的选区，对选区填充白色，再按 Ctrl+T 组合键，在选项栏中单击"在自由变换和变换模式之间切换 🐾"按钮进行自由变形，可以拖动节点对形状进行变换，效果如图 6.91 所示。

图6.90 创建选区　　　　图6.91 绘制装饰条

（13）新建图层，命名为"瓶身装饰"，绘制矩形选区，填充紫色（#d6d2fa），参照第 12 步的变形方法，对紫色矩形进行变形，如图 6.92 和图 6.93 所示。

（14）选择"横排文字工具"，设置字体颜色为白色，输入文字：NATURE REPUBLIC，SUPER GRAPE SEED，TONER，nourishing&moisturizing for skin，155ml/5.23 fl.oz.。并调整文字大小及位置等，其中"SUPER GRAPE SEED"文字设置行距"12 点"，效果如图 6.94 所示。

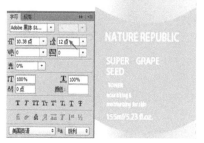

图6.92 装饰背景　　图6.93 图像变形　　　　图6.94 输入装饰用的文字

（15）在"图层"面板中，文字图层上单击鼠标右键，在弹出的快捷菜单中选择"栅格化文字"命令，将文字栅格化。再按 Ctrl+T 组合键自由变形，在选项栏中单击"在自由变换和变换模式之间切换 🐾"按钮，设置参数如图 6.95 所示。

图6.95　将文字变形

（16）打开素材图片"葡萄.jpg"，如图6.96所示。使用"魔棒工具"将白色背景选中，按Shift+Ctrl+I组合键进行反选。利用"移动工具"将葡萄拖入当前文件。按Ctrl+T组合键自由变换，调整葡萄的大小、位置及方向等，如图6.97所示。

（17）打开"图层"面板，选中"葡萄"所在图层，设置图层透明度54%，图层混合模式"柔光"，如图6.98所示。

图6.96　葡萄图片素材

图6.97　复制葡萄素材到文档

图6.98　修改图层的属性

（18）对瓶子进行总体效果调整。按Ctrl+Shift+Alt+E组合键盖印图层，得到新的盖印图层"图层2"，如图6.99所示。

（19）选中"背景"图层，填充径向渐变（#7cf564，#13511c）。新建图层，绘制矩形选区，填充渐变，如图6.100所示。

（20）将图层复制一个副本，并将其下移。新建图层，两个矩形中间创建矩形选区，也填充渐变色，如图6.101和图6.102所示。

图6.99　盖印图层

图6.100　绘制出一条黄色渐变条

图6.101　复制图层

图6.102　在中间创建一个矩形

（21）取上方重叠部分，按Ctrl+M组合键，在弹出曲线对话框中，拖曳曲线，适当调暗。同样，将下方适当调亮，如图6.103所示。

（22）将3个图层合并后，将图层命名为"皇冠底座"。按Ctrl+T组合键进行自由变换，单击工具选项栏右侧"在自由变换与变形模式之间切换"按钮，并设置变形方式为"拱形"，角度为

"-20"，按 Enter 键应用变换，如图 6.104 所示。

图6.103 添加阴影

图6.104 变形

（23）利用钢笔工具，绘制如图 6.105 所示的路径。按 Ctrl+Enter 组合键将路径转换为选区，新建图层命名为"帽檐"，并填充渐变色。使用与"皇冠底座"相同的方法，进行弯曲变形。调整皇冠两部分的大小及位置，如图 6.106 所示。

图6.105 勾画路径

图6.106 填充渐变色

（24）增加帽身部分的厚度：将"帽檐"图层复制一个副本，按 Ctrl+T 组合键自由变换，单击工具选项栏中的"保持长宽比"按钮，按 Alt 键的同时，将图像适当缩小。按 Ctrl+M 组合键，调整曲线，将图像调亮，如图 6.107 所示。

（25）新建图层，命名为"帽子里面"，绘制半圆形选区，填充渐变（#d4b1d2、#963dc9、#4c2577）。调整图层顺序，如图 6.108 所示。

（26）新建图层，命名为"帽顶珍珠"。绘制椭圆形选区，填充白色，并做适当变形。为该图层添加图层样式，应用预设样式中的"带投影的透明凝胶"样式，并将"颜色叠加"改为紫色（#6d5cad），适当调整后，如图 6.109 所示。可调整图层顺序。

（27）利用椭圆选框工具、渐变工具，并添加适当图层样式，添加图 6.110 所示的装饰品。

图6.107 增加帽檐厚度　　图6.108 绘制帽子部分　　图6.109 绘制帽顶的珍珠　　图6.110 添加装饰品

（28）制造装饰品嵌入效果：依次将椭圆形装饰品载入选区，将选区扩展 2 像素。选中"帽檐"图层，按 Ctrl+M 组合键，将曲线调暗，如图 6.111 所示。

图6.111 制造装饰品嵌入效果

（29）将以上做好的瓶盖部分划分为一个组，命名为"皇冠瓶盖"。将之前的瓶身部分图层也归为一组，命名为"瓶身"。调整两部分位置及大小。瓶子最终效果如图 6.112 所示。最后可导入"线条"素材，制造倒影效果，如图 6.113 所示。

图6.112　瓶子效果　　　　图6.113　最终效果

以上是三种类型的包装设计案例，为了练习方便，文件分辨率可设为 72 像素 / 英寸，在实际需交付印刷的作品中，文件分辨率需达到 300 像素 / 英寸。

6.4　本章小结

本章中我们学习了包装设计的相关知识，包括包装设计基础理论和典型包装设计案例。优秀的包装设计需要扎实的理论知识作指导，所以相关包装设计理论需要学习者深入领会学习。本章案例的制作涉及图形绘制、图像变形、图层样式、图像合成、滤镜等相关操作，学习者需要在广泛阅读优秀包装设计作品的基础上，多思考、多动手，提高自己的设计能力与制作水平。

6.5　习题

利用素材文件，制作"蓝箭口香糖"的包装盒子，在设计上需要体现该产品的绿色、健康特征，同时迅速向消费者传递诸如"产品名称"和"口味"等重要商品信息。参考效果图如图 6.114 所示。

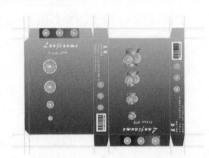

图6.114　参考效果图

1. 设计思路

将盒子背景颜色设置为绿色，体现产品的绿色健康理念，通过深绿到浅绿的颜色渐变增加盒子的视觉效果。在盒子最显眼部位呈现产品的品牌，让消费者快速读取到有用信息，盒子正面及侧面放置大小不一的橙子图片，除了增加画面节奏感和美化盒子之外，更重要的是让消费者迅速了解到该产品的口味，以起到迅速传递信息的作用。

2. 涉及知识点

·钢笔工具绘制路径。　　　　　　　·渐变工具的使用，制造色彩立体感。

·图像变形。　　　　　　　　　　·图层样式的使用。

Vivi 香水

极致诱惑
绝世香氛

芬芳花香雨海气息香氛完美融合，
散发清新自然，浪漫迷人的芳香，
沁人人的心脾，舒适美好。

Gold is cold ,diamonds are dead. A imousine is a car ,Don't Pretend ,Feel what's real, Vivi perfume.

第7章

广告设计

↗ 本章概述

广告是一门综合性很强的专业，不是纯粹的艺术活动。广告设计必须经历市场调查、总体策划、确定主题、开发创意和艺术表现等过程。就学科特点而言，广告设计知识涵盖面广，媒体应用广泛，具有时效性强、受众广泛、宣传力度大的特点。

学好广告设计必须具备一定的审美能力、创新能力和沟通能力。本章通过分析4种不同类型的广告设计实例，详细讲述了常见的报纸广告、招贴广告、折页广告和网络广告的制作技能和设计理念。

↗ 本章学习要点

◇ 掌握广告设计的基础知识
◇ 了解报纸广告的设计方法
◇ 了解折页广告的设计方法
◇ 了解招贴广告的设计方法
◇ 了解网络广告的设计方法

7.1 行业背景知识简介

7.1.1 广告设计应用领域

平面广告设计是现代商业运行中的一个重要环节和组成部分，平面广告领域的历史源远流长，人类每一个时期的经济活动都离不开它的身影。随着现代经济，文化的日趋繁荣，平面广告逐步走向辉煌，平面广告设计分为两大领域，即：①传统的书籍广告设计，包括书籍封面设计、版面设计、招贴广告设计；②商品包装的广告设计，包括商品装潢系列广告设计和标志系列广告设计等。

7.1.2 广告设计要求与原则

1. 广告设计的要求

设计是有目的的策划，平面广告设计是利用视觉元素（文字、图片、色彩等）来传播广告项目的设想和计划，并通过视觉元素向目标客户表达广告主的诉求点。现代广告设计的任务是根据企业营销目标和广告战略的要求，通过引人入胜的艺术表现，清晰准确地传递商品或服务的信息，树立有助于销售的品牌形象与企业形象。所以，平面广告设计的好坏除了灵感之外，更重要的是能否准确地将诉求点表达出来，是否符合商业的需要。一幅优秀的平面广告设计作品要求具有充满时代意识的新奇感，并具有设计上独特的表现手法和情感，表现手段浓缩化和具有象征性。

2. 广告设计原则

（1）真实性原则

真实性是指广告内容应与所宣传的商品或服务本身具有的质量、数量及功能相吻合，不能夸大和弄虚作假，这是所有广告进行创作的前提。要增加广告的真实性，可以通过在广告中加入实拍的影像，例如，对于平面广告而言，应该加入大量实际拍摄的照片，除此之外，可以运用权威的数据对广告进行佐证。

（2）创新性原则

没有创意的广告，很难在信息量巨大的社会中引起人们的注意，只会在社会中平庸地传播，不可能引起太大的广告效果。要保证广告的创新性，则需要广告设计人员具有独特的创意。

（3）科学性原则

从广告设计与实施的整个活动，都体现出严密的科学性。广告设计的前期调查准备、创意视觉化的表现，后期的设计制作、完成后的广告媒体选择、广告发布后的效果测定这每个阶段都要综合运用各种学科的知识。

（4）艺术性原则

广告所表现出来的艺术审美价值，是为了更好地吸引消费者的注意，给广大消费者以强烈鲜明的美的感受，同时也激发消费者对广告产品的兴趣和欲求，广告设计中注意艺术表达，可以塑造富有艺术感染力的广告形象，从而达到广告的最终目标。

学好广告设计必须具备一定的审美能力、创新能力和沟通能力。

7.2　本章重要知识点

7.2.1　基础知识

1. 广告的概念和分类

广告，从字面上看即"广而告之"，也就是向大众传播信息的活动。广告具有很强的目的性和针对性，根据广告的特点，可将广告划分为形式多样、各具特色和风格的类型。

根据其功能、用途和性质的不同可分为广义和狭义广告。凡是用于宣传某一对象、事物或事情的方式都是广义广告；狭义广告指的是以获取盈利为主要目的的广告，也称商业广告，是指广告主以付费的方式，通过公共媒介对商品或劳务进行宣传，借以向消费者有计划地传递信息，促使消费者产生购买行为，使广告主得到利益。

按传播媒介分，大致可分为：印刷广告、电子广告、实体广告等。其中，印刷广告又有多种表现形式，例如：报纸广告、杂志广告、招贴广告、直邮广告等。电子广告又可以分为：网络广告、广播广告、电视广告、电影广告、电子显示屏幕广告、霓虹灯广告等。

2. 广告设计基本元素

广告设计的视觉语言离不开文字、图形、色彩诸要素。它们不仅是广告信息的载体，也是视觉传达的一种艺术形式，在广告设计中，它们分别承担着不同的角色，为了形成统一的广告整体，共同协作，相互呼应。

（1）广告中的文字

广告中的文字设计要符合广告内容的整体需要，良好的文字选择与色彩运用都有助于提高广告的整体效果，增强其感染力。广告中的文字设计应该把握几个重点：首先在内容上，注重文字的客观性和文案创意。文字要能够客观、准确、重点突出地将广告内容呈现给观众，并富有一定韵味。其次在形式上，赋予文字鲜明的个性，即字体设计。广告中文字个性的良好体现，与宣传主题、字体样式以及色彩运用有着极其密切的关系。文字自身形态的变化（艺术化处理），文字色彩与背景色的搭配以及文字与图形、图像的和谐统一的关系都是文字个性表现所要考虑的重点。

（2）广告中的图形

图形是构成广告的重要元素之一，在信息传播过程中，图形包含的信息更多，具有强烈的视觉说服力，而且更易于记忆。它能更好地表达设计者的情感和张力，给观众带来强烈的视觉冲击，丰富产品的自我魅力。广告中图形设计的创意要以服务产品为主，将有关产品的各种元素进行构思浓缩，以整体的形式与张力传递出视觉信息，使之更具视觉冲击力和艺术感染力，从而突出传达作品的主题信息，使消费者更容易辨识并且记忆广告作品的内容信息。

（3）广告中的色彩

色彩是广告表现的一个重要元素，色彩具有一定的象征意义，一些广告通过色彩的粉饰后能使观者产生丰富的联想，甚至能影响到人的情绪。因此，广告色彩与消费者的心理及生理反应有着密切的联系，广告色彩的应用要以消费者的心理感受为前提，使受众理解并接受画面的色彩搭配。设计者还必须注意生活中的色彩语言，避免某些色彩表达与广告主题产生词不达意的情况。广告色彩的运用要敢于突破一般的配色组合，同时还原产品真实色彩。

7.2.2 广告设计技巧

我们如何能够在短时间内做一个出彩而效果又好的广告设计作品呢？这就需要了解广告设计的技巧，以下以平面广告为例介绍设计技巧。

1. 主题明确

主要突出产品主题，让用户一眼就能识别广告含义，减少过多的辅助干扰元素，如图 7.1 所示。切忌广告设计被切割得太细碎，内容繁多，没有浏览重心。很多广告主往往会认为传达的信息越多，用户越有兴趣，其实并不是，什么都想说的广告，就是什么都没说好。

图7.1　主题明确广告

2. 重点文字突出

用文字进一步地告诉用户，是打折或还是新货上市？如果我们最大的卖点就是"5.1 折"，那么毫无疑问，"5.1" 折的字样一定要大，要醒目，其余的则需要相应的弱化。如图 7.2 和图 7.3 所示。

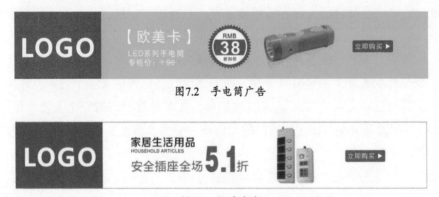

图7.2　手电筒广告

图7.3　插座广告

3. 符合阅读习惯

阅读视线要符合用户从左到右、从上到下的浏览习惯，如图 7.4 所示。图 7.5 中所展示的就是不符合阅读习惯的设计。

图7.4　插座广告

图7.5 插座广告

4. 用最短时间吸引观众的注意并激发兴趣

用户集中注意力浏览广告的时间一般也就几秒，根据广告心理学的知识，要吸引消费者的注意，就要在创意上下功夫，例如，通过夸张、滑稽、幽默等表现手法，将原本平凡的商品变得富有意义，或者在广告中加入一些新鲜、奇特的想法和构思，使消费者产生好奇心。如图 7.6 和图 7.7 所示。

图7.6 牙刷创意广告　　　　图7.7 鞋子创意广告

5. 色彩不要过于醒目

有些广告主要求使用比较夸张的色彩来吸引访问者眼球，希望由此提升广告设计的关注度。实际上，"亮"色虽然能吸引眼球，但往往会让访问者感觉刺眼、不友好甚至产生反感。所以，过度耀眼的色彩是不可取的。

6. 产品数量不宜过多

很多广告主总是想展示更多产品，少则 4~5 个，多则 8~10 个，结果使得整个广告设计变成产品的堆砌。广告设计的显示尺寸非常有限，摆放太多产品，反而被淹没，视觉效果大打折扣。所以，产品图片不是越多越好，易于识别是关键。

下面不妨对比一下图 7.8、图 7.9 中 A、B 两款广告设计图，哪一款更易于识别和引起关注呢？

图7.8 插座广告产品展示A

图7.9 插座广告产品展示B

A：取产品局部特征图，同时配合宣传语，简洁明确，易于识别。

B：产品数量过多，没有亮点，页面堆得太满。

7. 信息数量要平衡

很多人认为所有信息都很重要，都要求突出，结果适得其反。如果广告设计上满是吸引点，那用户的注意力就会被分散，所以在广告设计的有限空间内做好各种信息的平衡和协调非常重要。

8. 编排时要留白

在版面中留白是刻意虚化局部以求突出广告的主体，通过虚实结合的空白版面使广告充满联想和意境，同时也可以使图形和文字有呼吸的空间，如图 7.10 所示。

图7.10　摩托车广告

7.3　广告设计案例

7.3.1 报纸广告设计

报纸广告是刊登在报纸上的宣传广告，报纸是印刷平面广告中数量最多、传播范围最广的媒介。由于报纸版面大、篇幅多，因此为广告的选择和利用提供了充分的条件。同时，报纸具有特殊的新闻性和权威性，无疑为报纸广告附加了一定的可信度，更加有利于广告宣传语的推广。

本例是以"芙蓉墅房地产"为主题的报纸广告设计作品，在广告的设计上要求体现该房地产的环境优美、贴近大自然等特征，如图 7.11 所示。

图7.11　房地产广告效果图

1. 设计思路

通过对背景的处理，烘托出氛围。在房屋主体图像部分做了外框的修饰，更凸显其别具一格的特点。最后对文字的艺术处理体现出广告宣传的主题和购房信息。整个设计灵活且充满艺术感，宣传性强。

2. 案例知识点

- 通过滤镜制作特殊艺术效果。
- 通过图层样式，制作图像的发光、更改色彩等效果。
- 应用画笔绘制图像。

3. 操作步骤

（1）打开"背景"素材，为其添加智能滤镜，然后分别设置前、后背景色为d3c253 和白色，添加"云彩"滤镜。接着继续添加"添加杂色"滤镜，设置数量为 30，勾选"单色"，平均分布杂点。在杂点的基础上，为背景添加 90° 的动感模糊效果、高斯模糊和表面模糊，得到比较自然的杂质和模糊效果，最后，在背景表面添加"颗粒"纹理效果，如图 7.12 所示。

报纸广告设计

（2）打开"房屋"素材，通过变换调整大小，并移动到合适的位置。然后为其创建图层蒙版，根据显示的区域利用画笔工具对蒙版进行编辑。最后通过添加色阶和色彩平衡调整层，调整图像的色彩，从而得到如图 7.13 所示的效果。

图7.12 背景效果

图7.13 主体图像效果

（3）制作左边边框效果。首先导入"素材 1"，将其移动复制到文件中房屋图像的左侧，通过"变形"的变换方法，调整素材 1 的造型，使其与房屋图像的形状相吻合，如图 7.14 和图 7.15 所示。

图7.14 左边框变形效果

图7.15 添加左边框后图像效果

（4）复制"素材 1"图层，并通过"颜色叠加"图层样式对"素材 1 拷贝"图层进行色彩更改，然后将拷贝图层的图像向左移开一些距离。同样的道理，复制素材 1 拷贝图层，得到"素材 1 拷贝 2"图层，将拷贝 2 图层中的颜色叠加样式中的颜色进行更改，更改为更浅色的色彩，同样也向左边移开一点距离，得到如图 7.16 所示的具有层次感的装饰效果。最后，使用画笔工具，在背景和左边框外围涂上颜色，使得边框和背景交界处过渡更加自然，如图 7.17 所示。

图7.16　添加多个颜色的边框

图7.17　画笔涂抹后的效果

（5）制作右边边框装饰效果。首先打开"素材 2"，将其移动和复制到文件中，通过"变形"变换对素材2进行造型，使它与本广告作品中的主体图像的右侧轮廓贴切，如图 7.18 和图 7.19 所示。

图7.18　导入右边框素材

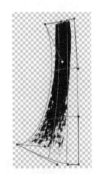
图7.19　素材2变形效果

（6）打开"素材 3"，使用移动工具将其拖至文件中，并置于房子图像的右侧，得到"图层 5"。然后通过"颜色叠加"图层样式为其添加颜色，此处可以直接复制"素材 1 拷贝 2"图层样式粘贴到"图层 5"，得到图 7.20 和图 7.21 所示的效果。

图7.20　导入素材3效果

图7.21　为素材3添加图层样式

（7）设置前景色值为 e7eaa8，新建"图层 6"，应用画笔工具，在上一步得到的图像效果基础上在房子图像右边框上面进行涂抹，使房子图像右边框和背景衔接处出现自然的效果。

（8）打开"素材 4"，将其拖到文件中，通过变换将其调整到合适的大小，并移动到房子图像的下方，最后为其添加"外发光"和"颜色叠加"的图层样式，至此完成房子图像的所有装饰效果，如图 7.22 所示。

（9）绘制右侧图形。设置前景色值为 d0ba61，选择"矩形工具"绘制矩形色块，得到矩形 1 图层。设置前景色为 403937，同样使用矩形工具，绘制小矩形色块，得到图 7.23 所示的效果。

图7.22　添加素材4效果

图7.23　添加矩形色块效果

（10）制作文字。使用文字工具分别输入标题、正文等文字内容，并进行适当的排版。最后使用直线工具绘制 3 条分割线，得到最终广告效果，如图 7.11 所示。

7.3.2 招贴广告设计

海报招贴在广告设计中是一个独立的领域，海报招贴应用的范围较广，多放置在户内或户外人流量较大的公共场所，可用抽象或具象的形式传达信息。海报招贴设计新奇、画面精美，具有很强的视觉冲击力，可广泛用于商业、企业、文化宣传中。

1. 设计思路

本例制作的是空调的招贴广告，如图 7.24 所示。在色彩上采用的是类似大海的深蓝色调，蓝色属于冷色调，给人一种凉爽的感觉，再配上详细的文字叙述，将此空调的优良性能表现得淋漓尽致。

2. 案例知识点

· 应用画笔工具制作星光特效。

· 使用钢笔工具绘制与编辑路径，设计个性化字体效果。

· 使用蒙版隐藏不需要的图像。

3. 操作步骤

（1）制作背景

① 新建文件，设置宽度为 30 厘米，高度为 30 厘米，像素为 300 像素 / 英寸。

招贴广告设计

图7.24　空调广告效果图

② 单击"渐变工具"，在选项栏中单击"渐变编辑器"，设置渐变颜色从 091233 到 0e4a89，为图像文件应用从上至下的线性渐变，如图 7.25 所示。

③ 打开"图层面板"，单击下方的"创建新图层"，创建一个新图层，设置前景色颜色值为 d3d3d4，使用矩形选框工具在画面底部绘制矩形选区，并填充为前景色，取消选区。如图 7.26 所示。

图7.25　渐变背景

图7.26　添加下方色块

（2）制作人物和炫光

① 打开"人物"素材，使用移动工具将其移至当前文件中，调整图像的大小和位置，并调整图层的顺序。

② 打开"炫光"素材，使用移动工具将其移至当前文件中，调整图像的大小和位置，并将其旋转适合的角度。将该图层的混合模式设置为"变亮"，将黑色部分替换。单击"图层"面板下方的"添加图层蒙版"，为图像添加图层蒙版。

③ 设置前景色为黑色，单击画笔工具，在选项栏中选择"柔边圆"画笔笔触，使用适当的画笔大小和不同的透明度，在蒙版上对图像进行涂抹，如图 7.27 和图 7.28 所示。

图7.27　炫光效果

图7.28　图层面板效果

④ 单击画笔工具，将星光画笔载入到画笔面板。

⑤ 根据需要新建图层，在画笔面板中选择刚才载入的画笔笔刷，随时更改画笔笔触及画笔大小，并利用画笔面板设置画笔动态和散布等参数，在画面中人物和炫光处不断地进行单击和拖

动，绘制各种星光图形，制作丰富的画面效果，如图 7.29 所示。

图7.29 绘制星光效果

（3）制作产品及正文文案

① 打开 4 幅产品素材，分别为红色、紫色、金色和银色。使用移动工具分别将产品图像拖至画面适当位置，并调整图像大小，根据需要利用蒙版控制图像的显示范围。

② 分别在 4 幅作品图像下方输入说明性文案。

③ 单击"横排文字工具"，设置字体样式为"华文楷体"，颜色为 0e1736，并设置合适的字体大小，在画面灰色色块上方输入正文文案内容。

④ 选择椭圆工具，绘制大小合适的圆形，并复制多个，分别放置在合适的位置，如图 7.30 所示。

图7.30 添加文案和产品后效果

（4）制作右下角图标

① 选择"椭圆工具"，绘制一个正圆形状，得到椭圆 1 图层，填充颜色为 a6cc69，描边为 2 点的实线，颜色为 00a651。

② 选择"椭圆选框"工具，在椭圆 1 的上方绘制椭圆选区，并使用渐变工具为该选区填充从 e9f9e0 到 a6cc69 的渐变颜色，作为高光；同样的方法制作椭圆 1 下方的高光，如图 7.31 和图 7.32 所示。

图7.31　添加上方高光

图7.32　添加下方高光

③ 选择"椭圆工具"，在选项栏中选择"路径"，绘制一个与"椭圆 1"同心的正圆路径。选择"横排文字工具"，在该圆形路径上输入文字；可利用"路径选择工具"调整文字的起始位置，制作路径文本，如图 7.33 所示。

④ 选择"横排文字工具"，分别输入"椭圆 1"上方的文案，根据需要添加描边效果，如图 7.34 所示。

图7.33　制作路径文本

图7.34　添加其他文字

（5）制作商标及其余文案

① 选择"钢笔工具"绘制图 7.35 所示的路径，然后单击图层面板下方的"创建新的填充或调整图层"为其添加纯色填充，颜色为白色，效果如图 7.36 所示。

② 单击"横排文字工具"，设置字体样式为"LibraryGothic Bold"，颜色为白色，并设置合适的字体大小，在刚才绘制的图形后输入"xin"，将该文字栅格化，使用魔棒工具选中"i"上方的点，为其填充颜色 e1821b。

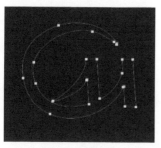
图7.35　Logo路径

图7.36　Logo上色

③ 单击"横排文字工具"，设置字体样式为"碳化硅黑体"，颜色为白色，在后面继续输入"美信"。至此，完成对图标的绘制，将所有具有绘制标志的图层合并，如图 7.37 所示。

图7.37　完成标志效果

④ 单击"横排文字工具"，设置字体样式为"腾祥嘉丽超粗圆简"，颜色为白色，输入"月亮女神"文字。选中文字，单击鼠标右键，在弹出的快捷菜单中执行"栅格化文字"命令。然后将其转换为选区，打开路径面板，单击面板下方的"从选区生成工作路径"按钮，将文字选区转换为路径。结合钢笔工具和转换点工具对当前文字路径进行编辑，得到新的路径。最后将修改好的路径转换为选区，填充白色，如图 7.38 和图 7.39 所示。

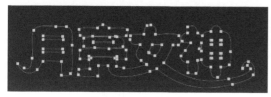
图7.38　编辑文字路径

图7.39　填充颜色后文字效果

⑤ 单击"横排文字工具"，设置字体样式为"汉仪舒圆黑简"，颜色为白色，输入右上角广告语。至此，美信空调招贴广告制作完成。

7.3.3 折页广告设计

宣传册主要用于企业的对外宣传、招商引资、企业周年庆等，多以小册子或折页等形式出现，有针对性地对企业或产品进行介绍，是目前国际上颇为流行的广告宣传品。这里主要介绍折页形式，折页的整体设计要抓住商品的特点，以定位的方式、艺术的表现吸引消费者，内页设计要做到图文并茂。封面形象需要色彩强烈而显目；内页色彩相对柔和便于阅读。对于复杂的图文，要求讲究排列的秩序性，并突出重点。封面、内页要造成形式、内容的连贯性和整体性，统一风格气氛，围绕一个主题。

1. 设计思路

本例是以"弥尚咖啡"为主题设计的折页广告作品，在广告的设计上要求能体现时尚休闲的购物气氛和超值的购物优惠，如图 7.40 所示。

图7.40　咖啡三折页效果图

2. 案例知识点

- 结合钢笔工具和椭圆选框工具绘制卡通图形。
- 通过设置图层混合模式融合图像。
- 结合路径及渐变填充图层，制作图像的渐变效果。
- 利用蒙版控制图像的显示范围。

3. 操作步骤

（1）制作背景底色

① 新建文件，设置宽度为 28.5 厘米，高度为 21 厘米，像素为 300 像素 / 英寸。按组合键 Ctrl+R 打开标尺，拖动标尺在画面上创建参考线，设置出血位 3 毫米，如图 7.41 所示。

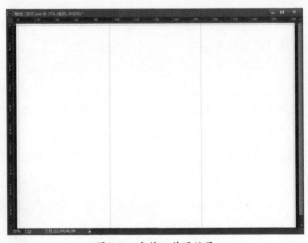

图7.41　文件工作区效果

② 新建图层，单击"矩形选框工具"，在画面中间位置上创建选区，单击"渐变工具"，在选项栏中单击"渐变编辑器"，弹出"渐变编辑器"对话框，设置颜色从 96592d 到 ae8037 的渐变，最后为选区应用从上到下的线性渐变效果，如图 7.42 所示。

③ 新建图层，继续使用矩形选框工具分别创建左右两个矩形选区，设置前景色为 c79b54，为两个选区分别填充颜色，取消选区，如图 7.43 所示。

折页广告设计

图7.42　中间页面背景

图7.43　整体背景效果

（2）制作折页中间部分

① 打开 Logo 图片，使用移动工具将其拖曳到当前文件中，并调整到合适的大小和位置。将 Logo 图层设置为"滤色"模式，并在 Logo 下方输入文字"云南省著名商标"，如图 7.44 和图 7.45 所示。

图7.44　导入Logo图片

图7.45　设置Logo图层的混合模式

② 单击"横排文字工具"，在选项栏中设置字体为"汉仪菱心简体"，设置字号和颜色，在画面中输入"弥尚咖啡"，并为该文字添加"下弧"文字变形效果、"投影"图层样式效果，如图 7.46 所示。

③ 使用钢笔工具在"弥"和"啡"字下方创建路径，并添加"纯色填充"调整层。复制"弥尚咖啡"图层的图层样式，并粘贴到两个填充图层，效果如图 7.47 所示。

图7.46　绘制文字下方路径

图7.47　添加图层样式效果

④ 单击"横排文字工具"，使用相应的文字样式，并设置好颜色和字号属性，继续输入其他文字："夏威夷可娜式""HAWAII KONA""MISHANG COFFEE"。其中，"MISHANG

COFFEE"图层复制两次，分别调整大小和位置，并设置图层的不透明度为 45%，如图 7.48 和图 7.49 所示。

图7.48 添加文字1

图7.49 添加文案效果

⑤ 打开"咖啡豆"素材图片，使用移动工具将其拖曳到当前文件中，为图像添加图层蒙版，用渐变工具对蒙版应用从黑色到透明色的线性渐变，设置其不透明度为 60%。导入白色咖啡杯素材图片，将其进行水平翻转、旋转、缩放等变换，移到合适的位置，如图 7.50 和图 7.51 所示。

图7.50 咖啡豆图像处理效果

图7.51 导入咖啡杯图片

⑥ 新建图层，使用"钢笔工具"在画面上绘制咖啡杯形状路径，使用直接选择工具和转换点工具调整杯子路径形状。设置前景色为 c79b54，为路径添加"纯色"填充层，如图 7.52 和图 7.53 所示。

图7.52 绘制咖啡杯形状

图7.53 填充颜色效果

⑦ 选中绘制的"咖啡杯形状"图层，将其不透明度设置为 10%。并单击"横排文字工具"，在页面底端输入"中国·弥尚咖啡有限公司"文字，效果如图 7.54 所示。中间页面内容图层如图 7.55 所示。

图7.54 中间页面效果图

图7.55 中间页面内容图层

（3）制作折页右半部分

① 创建一个新组，命名为"右半部分"，新建图层，使用"椭圆选框"工具在图层上绘制正圆选区，然后在选项栏中选择"从选区中减去"，按 Alt+Shift 组合键，继续在正圆选区内绘制正圆，得到图 7.56 所示的选区。设置前景色，为选区填充颜色，最后取消选区，如图 7.57 所示。

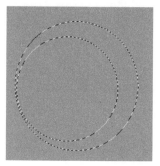

图7.56 绘制不规则选区

图7.57 选区填充颜色效果

② 按照上述方法，继续绘制其他的图形，分别填充颜色，设置大小和位置，得到图 7.58 所示的效果。

③ 单击"横排文字工具"，在选项栏中分别设置"微软雅黑"字体，字体大小为 12 号，字体颜色为黑色，在画面中间输入图 7.59 所示的文字。打开图层组"中间部分"，复制 Logo 图层和商标文字图层，调整它们的位置和大小，如图 7.59 所示。

图7.58 绘制图像整体效果 　　　　图7.59 添加文字后效果

④ 选择钢笔工具，绘制下方的杯子的路径，然后将路径转换为选区，填充颜色 ee9a16，如图 7.60 和图 7.61 所示。

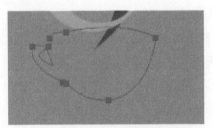 

图7.60 绘制杯子路径 　　　　图7.61 为选区填充颜色

⑤ 继续利用钢笔工具和转换点工具，绘制杯中咖啡的路径，并填充颜色 704b16，具体如图 7.62 和图 7.63 所示。

 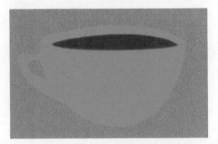

图7.62 杯中咖啡路径 　　　　图7.63 杯中咖啡填充颜色效果

⑥ 利用钢笔工具和转换点工具，绘制咖啡杯右侧色块的路径，并填充颜色 f2b236，具体效果如图 7.64 和图 7.65 所示。

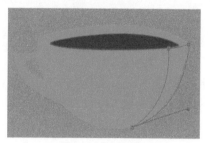

图7.64　绘制色块路径

图7.65　路径填充颜色效果

⑦　利用钢笔工具和椭圆选框工具绘制咖啡杯下方的托盘，并打开"咖啡豆2"图片，使用移动工具将其拖曳到当前文件中，并调整到合适的大小和位置，将"咖啡豆2"图层设置为"正片叠底"模式，效果如图 7.66 所示。继续选择钢笔工具绘制咖啡杯中热气路径，并填充颜色915a17，如图 7.67 所示。

图7.66　绘制托盘效果

图7.67　绘制蒸汽效果

⑧　调整各图层的顺序和位置，完成右半部分的制作，得到图 7.68 所示的效果。图层面板效果如图 7.69 所示。

图7.68　右半部分图像效果

图7.69　图层面板效果

（4）制作折页左半部分

① 打开图层组"中间部分"，复制"绘制简笔咖啡杯"图层，得到"绘制简笔咖啡杯拷贝"图层，将其拖入"左半部分"组中，调整位置和大小。

② 打开图层组"中间部分"，复制 Logo 图层和商标文字图层，调整它们的位置和大小。

③ 单击"横排文字工具"，在选项栏中分别设置相应的字体、字号，设置字体颜色为 a46a33 和白色，在画面中输入文字。

④ 新建图层，设置前景色为 95562d，打开"玫瑰花 .abr"素材文件，单击"画笔工具"，使用玫瑰花画笔笔刷在画面上绘制装饰图案，设置图层的不透明度为 70%。得到图 7.70 所示的左半部分效果。图层面板效果如图 7.71 所示。

图7.70　折页左半部分效果　　　　图7.71　右半部分图层面板效果

⑤ 执行"视图→清除参考线"命令，将参考线删除，至此弥尚咖啡三折页制作完成。

7.3.4 网络广告设计

网络广告是企业及个人通过互联网发布商品信息或其他信息的媒体形式，也称为互联网广告。主要形式有广告横幅、文本链接、多媒体等，与传统的四大传播媒体（报纸、杂志、电视、广播）广告及备受垂青的户外广告相比，互联网广告具有得天独厚的优势，是实施现代营销媒体战略的重要一部分。

网络广告设计

1. 设计思路

本例是以"Vivi 香水"为主题设计的网络广告作品，在整体色调上以清爽的蓝色调为主，使得画面淡雅柔和，将美女与花融入画面中，使得画面主题更加突出，且寓意此产品备受女性朋友喜爱，如图 7.72 所示。

2. 案例知识点

- 应用画笔工具制作花瓶和雪花装饰效果。
- 使用钢笔工具绘制与编辑路径，设计个性化字体效果。
- 结合滤镜中的"点状化"和"动感模糊"命令制作下雨效果。
- 利用蒙版控制图像的显示范围。

图7.72　香水广告效果图

3. 操作步骤

（1）新建文件，设置宽度为 20 厘米，高度为 15 厘米，分辨率为像素为 300 像素 / 英寸。

（2）单击"渐变工具"，在"渐变编辑器"对话框中设置颜色从 2865bb 到 01a1ea。设置完成后在画面上确定好应用渐变的起始点和终点的位置，在画面上拖动鼠标，为图像文件应用从左至右的线性渐变，效果如图 7.73 所示。

（3）打开"图层面板"，单击"图层面板"下方的"创建新图层"，创建一个新图层。单击"矩形选框工具"，在工作区上创建矩形选区，为选区应用从左到右的 145cab 到 0a439c 的线性渐变，如图 7.74 所示。

图7.73　渐变背景效果

图7.74　渐变矩形区域

（4）保持选区，设置前景色颜色值为 beeaf9；单击"画笔工具"，在选项栏选择带有羽化值的画笔笔触，在选项栏中设置画笔大小和不透明度，使用画笔工具在矩形选区内进行涂抹，为背景添加颜色，直至达到满意效果，如图 7.75 所示。

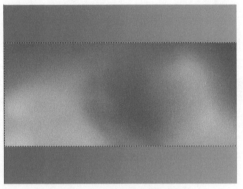

图7.75　画笔添加亮色效果

（5）继续保持选区，新建一个图层，命名为"雨水"，设置前景色为黑色，按组合键Alt+Delete，为选区填充黑色。

（6）执行"滤镜→像素化→点状化"命令，设置"单元格大小"为 8，单击"确定"按钮，为选区应用点状化效果，如图 7.76 所示。

图7.76　点状化滤镜效果

（7）执行"图像→调整→阈值"命令，设置"阈值色阶"为148，单击"确定"按钮。
（8）执行"滤镜→模糊→动感模糊"命令设置"角度"为 –45，"距离"为20像素，单击"确定"按钮，得到图 7.77 所示的效果。

图7.77 添加动感模糊效果

（9）打开"图层"面板，设置图层的混合模式为"滤色"，将黑色雨水图层的图像与蓝色背景融合，制作逼真的下雨的感觉，效果如图 7.78 所示。

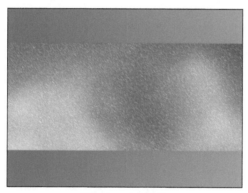

图7.78 下雨效果

（10）打开"人物"图片素材，将人物图像中的背景抠掉，抠图时注意人物头发边缘的白边，可通过仿制图章和画笔进行处理；最后对人物图像做"水平翻转"的自由变换，另存为 png 格式的图片，人物效果如图 7.79 所示。

（11）将上一步骤中处理好的人物图片，通过"移动工具"将人物图像拖至画面适当位置，并调整图像大小，如图 7.80 所示。

图7.79 人物图像处理效果

图7.80 导入人物图像效果

（12）新建一个图层，命名为"花瓶"，使用钢笔工具在工作区上绘制花瓶形状的路径，如图 7.81 所示，并将路径载入选区，如图 7.82 所示。

图7.81　绘制花瓶路径　　　　图7.82　将花瓶路径转换为选区

（13）设置前景色颜色值为 e6e6e6，为花瓶选区填充颜色，如图 7.83 所示。继续新建图层，设置前景色颜色值为 105076，单击"画笔工具"，在选项栏中选择带有羽化值的画笔笔触，在选项栏中设置大小和不透明度，在花瓶边缘涂抹，取消选区，如图 7.84 所示。

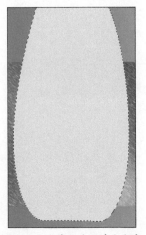 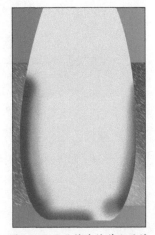

图7.83　为花瓶选区填充颜色　　　图7.84　用画笔涂抹花瓶边缘

（14）继续新建图层，命名为"花瓶 2"，将"花瓶"图层载入选区，通过单击"选择→修改→收缩"命令，将花瓶选区收缩 8 像素，得到新选区，为新选区填充颜色 5287a4，取消选区，如图 7.85 所示。

（15）新建图层，命名为"花瓶 3"，将"花瓶 2"图层载入选区，通过单击"选择→修改→收缩"命令，将花瓶 2 选区收缩 6 像素，得到新选区，为新选区填充白色，如图 7.86 所示。

（16）保留"花瓶 3"选区，新建图层，设置合适的颜色值，使用合适的画笔在"花瓶 3"选区边缘涂抹，如图 7.87 所示。

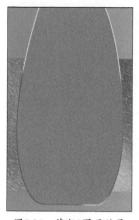

图7.85　花瓶2图层效果

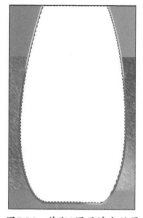

图7.86　花瓶3图层填充效果

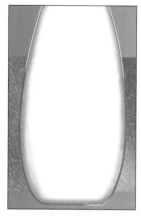

图7.87　花瓶3边缘涂抹效果

（17）继续新建图层，命名为"液体部分边缘"，设置合适的前景色颜色以及画笔属性，在选区的下半部分的边缘进行涂抹，取消选区。单击"图层"面板下方的"添加图层蒙版"按钮，为"液体部分边缘"图层添加图层蒙版，单击"画笔工具"，在选项栏设置画笔属性，在图像上隐藏多余部分，如图 7.88 所示。

（18）打开"花朵 1"和"花朵 2"素材图片，使用移动工具将其拖曳到当前正在操作的文件中，并分别对"花朵 1"和"花朵 2"图层进行复制，通过添加"色相\饱和度"调整层改变副本图像的颜色，并调整它们的大小和位置，得到的效果如图 7.89 所示。

（19）打开"马蹄莲 1"和"马蹄莲 1"素材图片，使用移动工具将其拖曳到当前正在操作的文件中，并分别调整它们的大小和位置，得到的效果如图 7.90 所示。

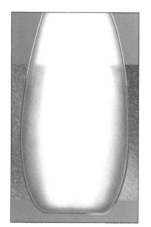

图7.88　液体部分边缘涂抹效果

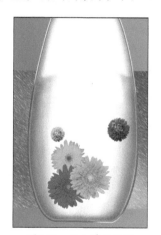

图7.89　添加花朵效果

图7.90　添加马蹄莲效果

（20）新建图层，设置前景色为白色，单击"画笔工具"，在选项栏中选择带有羽化值的画笔笔触，并设置画笔大小，在花图像上单击鼠标左键，制作图像的发光点，如图 7.91 所示。

（21）打开"香水 1"和"香水 2"素材图片，使用移动工具将其拖曳到当前正在操作的文件中，并调整它们的大小、位置和旋转适当的角度，如图 7.92 所示。

（22）打开素材"水面 1"和"水面 2"素材图片，分别将其拖曳到文件中，调整大小和位置，并利用图层蒙版控制两个图像的显示效果，制作瓶子的立体感，如图 7.93 所示。

图7.91　画笔添加发光点效果

图7.92　导入香水瓶图像

图7.93　添加水面效果

（23）在按住 Ctrl 键的同时，单击"花瓶"图层的图层缩览图，将花瓶载入选区，执行"选择 - 修改 - 扩展"命令，扩大 22 个像素，然后按组合键 Ctrl+Shift+I，将选区反向，如图 7.94 所示。

图7.94　创建瓶身反向选区

（24）保持选区，新建图层，单击画笔工具，在选项栏中选择柔边圆笔触，设置画笔大小，沿着花瓶边缘涂抹，取消选区，并设置该图层的不透明度为 50%。然后为该图层添加图层蒙版，单击"渐变工具"，在蒙版上为图像应用从下到上的"黑色到透明"的线性渐变效果，制作出瓶子玻璃质感，如图 7.95 和图 7.96 所示。

图7.95　画笔涂抹白色边缘

图7.96　花瓶玻璃质感

（25）选中花瓶部分所有图层，按下组合键 Ctrl+Alt+E，得到盖印图层，然后执行"编辑→变换→垂直翻转"，使用移动工具将其移动至合适位置，并为其添加图层蒙版。在蒙版上应用从黑色到透明的线性渐变效果，得到倒影效果，如图 7.97 和图 7.98 所示。

 图7.97　制作瓶子倒影　　　　图7.98　调整瓶子倒影显示效果

（26）单击"画笔工具"，在画笔选项栏中单击"载入画笔"命令，载入外部雪花和圣诞树笔刷，设置前景色为白色，不断调整画笔大小，绘制相应的装饰图像。打开"自定义形状"工具，选择"雪花 2"和"雪花 3"形状，在工作区上方绘制雪花。注意所绘制图像的图层的顺序和不透明度的调整，效果如图 7.99 所示。

 图7.99　绘制雪花图像效果

（27）单击"直线工具"，在选项栏中选择"像素"，粗细为 2 像素，在圣诞树图层的下方绘制白色直线，并利用画笔在直线上单击，画出几个节点，效果如图 7.100 所示。

图7.100　绘制直线和节点

（28）单击"横排文字工具"，在选项栏中设置字体样式为"Edwardian Script ITC"，输入"Vivi"；然后选择字体样式为"方正准雅宋 -GBK"，输入文字"极致诱惑绝世香氛"；再次选择字体样式为"华文细黑"，输入文字"芬芳花香雨海气息香氛完美融合，散发清新自然，浪漫迷人的芳香，沁入人的心脾，舒适美好。"最后设置字体样式为"Ebrima"，输入下方英文广告语。调整各文字的大小和位置，如图 7.101 所示。

Ps Photoshop
图像处理与创意设计案例教程

图7.101 添加文案效果

（29）单击"横排文字工具"，在选项栏选择"造字工房尚黑"字体样式，输入"香水"文字，将该文字栅格化。按住 Ctrl 键的同时单击"香水"文字图层的缩览图，将其转换为选区。打开路径面板，单击面板下方的"从选区生成工作路径"按钮，将文字选区转换为路径。结合钢笔工具和转换点工具对当前文字路径进行编辑，得到新的路径。最后对编辑好的路径填充白色，效果如图 7.102 和图 7.103 所示。至此，香水广告制作完成。

图7.102 编辑文字路径

图7.103 为路径填充颜色

7.4 本章小结

本章中我们学习了广告设计的相关知识，包括广告设计基础理论以及典型的广告设计案例。好的广告创意作品都是在扎实的理论知识的指导下设计出来的，所以对本章介绍的理论知识内容，希望读者一定要深入地去领会学习。在案例设计部分，主要包括了图像合成与图形绘制，色彩调整，没有太大的技术操作难度，读者要多留意生活中各种广告，以便提高自己的欣赏力和设计能力。

7.5 习题

打开素材文件，制作以"电商促销"为主题的海报招贴作品，在广告的设计上要求能体现时尚休闲的购物气氛和超值的购物优惠。参考效果如图 7.104 所示。

图7.104　电商促销广告参考效果图

1. 设计思路

通过使用人物图片和装饰图像展示出商城的现代、时尚购物理念和文化。通过对文字的艺术处理体现出广告宣传的主题和购物优惠信息。整个设计要灵活且充满艺术感，宣传性强。

2. 涉及知识点

- 钢笔工具绘制不规则形状的路径。
- 通过设置图层混合模式融合图像。
- 结合路径及渐变填充图层，制作图像的渐变效果。
- 利用蒙版控制图像的显示范围。